U0385088

当代美学视域下的当代建筑形式探索

主 编 周 旋 沈学美

副主编 严 骥 徐 颖 戴城龙

北京工业大学出版社

图书在版编目（CIP）数据

当代美学视域下的当代建筑形式探索 / 周旋，沈学
美主编 . — 北京：北京工业大学出版社，2018.12（2021.5 重印）
ISBN 978-7-5639-6566-3

Ⅰ . ①当… Ⅱ . ①周… ②沈… Ⅲ . ①建筑形式－研
究 Ⅳ . ① TU-0

中国版本图书馆 CIP 数据核字（2019）第 022571 号

当代美学视域下的当代建筑形式探索

主　　编：周　旋　沈学美
责任编辑：郭佩佩
封面设计：点墨轩阁
出版发行：北京工业大学出版社
　　　　　（北京市朝阳区平乐园 100 号　邮编：100124）
　　　　　010-67391722（传真）　bgdcbs@sina.com
经销单位：全国各地新华书店
承印单位：三河市明华印务有限公司
开　　本：787 毫米 ×1092 毫米　1/16
印　　张：12.75
字　　数：255 千字
版　　次：2018 年 12 月第 1 版
印　　次：2021 年 5 月第 2 次印刷
标准书号：ISBN 978-7-5639-6566-3
定　　价：59.80 元

前　言

建筑艺术与绘画艺术、雕塑艺术并称为三大空间艺术或三大造型艺术。德国哲学家、古典美学家黑格尔曾说："就存在或出现的次第来说，建筑艺术也是一门最早的艺术。"可见，建筑艺术在美学领域占有十分重要的地位。

建筑艺术与绘画艺术、雕塑艺术具有共同的艺术特征，如鲜明的艺术形象、强烈的艺术感染力、独特的民族与时代风格和深厚的文化意蕴，等等。但同时，建筑作为人们居住、社交以及工作的实用性场所，又有着独属于自己的鲜明艺术个性，给人以独特的审美感受。

建筑艺术作为一门特殊的艺术，涵盖范围十分广泛。从狭义范围讲，建筑指的是房屋建筑，包括宫殿、庙堂、民居以及教堂等多种形式；而从广义范围讲，广场、公园、道路、桥梁等开放空间的建造，城市、乡村景观的设计，以及对环境起装饰美化作用的生态绿化和部分类型的城市雕塑，都可被划归到建筑艺术的范畴中。

本书根据建筑—环境—城市的顺序进行内容分布，由浅入深，范围逐渐扩大，试图通过这样的逻辑思维，梳理出当前环境下当代建筑形式的审美现状，并关注其未来发展。

全书共七章，第一章从理论的角度分别概述了美学与建筑；第二章讲述了建筑形式与建筑的美学表现形态；第三章讲述了中西方建筑的美学比较；第四章讲述了中国传统建筑美学的传承与发展；第五章讲述了当代建筑环境美学；第六章讲述了当代建筑形式的审美困境与突破；第七章讲述了美学视域下的城市景观设计。

本书的编者长期致力于城市公共空间、住宅区环境空间的设计与探索，在设计与工程方面积累了丰富的经验，勇于向多元化交叉学科领域（如景观桥梁、景观建筑等）进行设计探索并取得不俗的成绩，而且在主持和主要参与的项目中，致力于舒适宜人空间的营造和景观建筑、景观桥梁等设计的传承与创新。团队成员参与的项目多次荣获"上海市优秀工程勘察设计奖""上海市优秀工程咨询成果奖""最佳人居环境奖"等奖项；团队成员荣获"上海市优秀青年突击队""'现代杯'新锐景观设计师"等殊荣。在编写本书的过程中，编者参阅了大量相关资料，在此对相关作者表示衷心的感谢。由于时间仓促，加上笔者能力尚有不足，成文未免不尽如人意，也难免有疏漏之处，欢迎各位读者批评指正。

编　者

2018 年 8 月

目 录

第一章　美学与建筑

建筑艺术作为一种特殊的艺术门类，在兼具实用性的同时，同其他艺术门类一样必须符合美学原则，因此也可将建筑艺术理解为具有实用功能的特殊艺术门类。当代建筑美学的产生，一方面与现代建筑技术的飞速发展和建筑规模的急剧扩大分不开；另一方面，又与最近三四十年来美学自身的发展有着紧密的联系。建筑的发展历程表明，建筑技术由于自身的不断进步，其与建筑艺术之间的关系变得日益密切和更加明确。历史上任何一种先进建筑技术的出现，都必将得到一种精确的艺术表现形式。在这种情况下，探索在现代建筑技术条件下创造新的建筑艺术美的道路，就成了一项重要的课题。

第一节　当代美学概述

一、审美活动

在历史的长河中，"美"的思想古已有之。在中国，"美"字最早出现在殷商时代的甲骨文中，而在西方，自柏拉图开始就已经对"美是什么"展开了哲学的思辨。

"美"是十分具体而又十分抽象的。"美的现象"十分普遍，而"美的本质"却难以言说。我们常说"真、善、美"，"真"有标准，就是主客观相符，检验真理的唯一标准是实践；"善"也有标准，就是对人类有利，检验它的标准还是实践；而对于"美"，则很难找出一个共同的标准和统一的原则，同一件事物在不同人眼中，对美的评判可能会截然不同。这是因为，人的审美活动是一个"体验"与"感知"的过程。

人类的审美活动和审美意识，早在漫长的人类史前文明中就已经开始逐渐产生和发展。考古工作者在史前人类的遗址和遗迹中，发现了大量的石器、彩陶制品、青铜制品和洞窟岩画。这些不会说话的"作品"记录了远古人类朦胧而鲜活的审美意识。

人类最初制造工具是为了实用和提高效率。比如，自然界粗糙的石块被磨制成各种对称均衡的锛、凿、斧、锯、镰、弹丸等。人类赋予无形式的自然材料以"形式"，而且在对自然材料的"自觉"加工过程中，形成了人类最初的"形式感"。

除了对自然物体进行打磨，使其规整之外，考古人员还发现，史前人类已经对色彩有了初步的感知。例如，山顶洞人在死者的身上和周围撒上红色的铁矿粉。红色是血液的颜色，是生命的象征，这种"设计"寄托了远古人类丰富的情感和想象，因此，原始人群不仅感受到了红色带来的感官愉快，而且对其赋予了特定的观念意义，形成了"有意味的形式"。

审美意识是指人对审美现象和审美活动的看法。原始人群的这种"形式感"的获得，萌生了人类最初的审美意识，反映出他们对物体性状和色彩意味的初步感受、想象、理解、运用和创造。尽管其中掺杂着许多神秘的原始宗教观念，但至少可以算作是人类审美意识的一个源头。

如今，美是人类物质生活文明的标志之一，而人的审美化程度，则是衡量人文明程度的尺度之一。

审美活动的对象是多种多样的，同样，审美对象中给人以美感的或者与人的美感相对应的东西也是多层次的。有些艺术品，主要以表面的形式力来打动人，以其形式的和谐、优美，使人沉浸在一种单纯而明净的愉悦中，形成一种形式上的美。不过，也有一些审美对象不以表面形式，而以形式之上的意蕴来发挥审美效应。这些审美对象超越形式的层面有时会从一个较极端的现象中显示出来，那就是"丑"的现象。在广义的审美领域，不仅是"优美"，"丑"也是一个正当的主题。雕塑家罗丹创作的展示年老妓女干瘪身体的作品《欧米哀尔》就是以"丑"为审美主体的典型例子。什么是"丑"？这个问题很复杂，从直观的角度来讲，可以说是形式的问题，即形式不和谐、不优美，让人不愉快。它给人的感觉是超出形式的，甚至它为了给人以超出形式的感觉，不惜以破坏形式的方式来强调它。除了"丑"以外，"滑稽""反讽"等问题，也揭示了审美对象中的更深层面，是审美活动中不可忽视的重要部分。

审美活动是人的一种深层次需要，潜移默化地影响着人类的生活，而对这种审美活动进行"反思"，便成为"美学"。

二、美学的历史沿革

（一）美学思想的历史演进

与美学作为一门独立学科诞生的时间相比，美学本身的历史要长得多，人们对美的认识以及理论思索，是美学学科诞生的基础和前提。

从原始社会进入文明社会，随着人类生存能力的提高、生活空间的扩大、审美活动的深入、思维水平的发展以及文字的出现，美学进入一个蓬勃发展的时期。中国的孔子、荀子、老子、庄子，西方的柏拉图、亚里士多德等，都提出了比较系统的美学主张。纯粹的美学著作也开始出现，如中国的《乐记》是音乐美学的专著，刘勰的《文心雕龙》与亚里士多德的《诗学》是文学美学领域的专著，《沧浪诗话》是诗歌美学的专著等。

当然，在18世纪之前的这一段时期，大多数的美学思想还散落在序跋、诗文里，或混杂在历史文献和哲学典籍中，美学未能从哲学、伦理学或艺术学中独立出来，从自觉的学科意识角度来宏观地以"美"为研究对象的著作也未出现。

在世界历史上，西方美学思想的辉煌归属于古希腊，中国美学思想的第一次黄金时期出现在先秦时期。

1. 古希腊美学思想

古希腊美学是欧美美学的源头，也是西方美学史上难以逾越的高峰。

古希腊最早的美学思想来自公元前6世纪的毕达哥拉斯学派，他们认为美在于数的比例与和谐。古希腊美学经赫拉克利特、德漠克利特、苏格拉底等人的发展，到柏拉图手里进行了第一次大综合，亚里士多德又进行了第二次大综合。此后，柏拉图和亚里士多德交错地影响着西方美学和艺术的发展进程。

2. 中国先秦美学思想

中国先秦时期是中国美学的渊薮，先秦诸子百家，尤其是儒、道两家确立了中国美学的基本面貌。中国古代虽无"美学"的名称，但有着丰富而璀璨的美学思想。

在先秦诸子百家中，美学成就最大、影响最广的是儒家和道家。美学思想的最早表现可以追溯到孔孟和老庄。儒家和道家是中国美学思想辉煌的起点。不过，中国美学史上关于美的最早论述来自先秦典籍《国语·楚语上》："夫美也者，上下，内外，小大，远近皆无害焉，故曰美。若于目观则美，缩于财用则匮，是聚民利以自封而瘠民也，胡美之为？"这种"无害曰美"的观点出自一种民本主义的立场，也因此具有明显的实用功利性，开了中国将美学与伦理学混合在一起的先河。这种将美学与伦理学混合在一起的观点，在后来的儒家美学中得到了突出和强调。

如果说希腊是欧洲人的精神故乡，那么先秦则是中国人的心灵故土。它们对各自文化版图的影响可以说是空前绝后的，后来中西方美学思想的繁荣发展是得益于它们的。西方人回望历史，总是首先回到古希腊；中国人把握世界，则总是回到先秦，回到孔孟、老庄。古希腊人引领了整个欧洲的精神之旅，先秦则引领了中国的精神之旅。

（二）美学学科的产生和发展

美是感性的，而美学是理性的；美是生动的，而美学是"枯燥"的；美在形象里，而美学在理论中；美是生活，而美学是科学。"美"是"美学"的源头活水，"美学"则是对"美"的归纳和指导。美学是一个很年轻的学科，迄今不到 300 年历史。目前学界公认的一个说法：美学作为一门独立学科而诞生，以鲍姆嘉通《美学》出版为标志，其时间是在 1750 年。

按鲍姆嘉通的看法，人的心理结构可以分成知、意、情三个部分，与之相对应的，就应有三个门类的学问，与知对应的为逻辑学，与意相对应的为伦理学。这两门学科早就有了，就是与情相对应的学科还没有建立。1735 年，鲍姆嘉通在他的博士论文《关于诗的哲学默想录》中，首次提出应建立一门与人的情感世界相对应的学科。1750 年，鲍姆嘉通建立了他的"感性学"，即美学，鲍姆嘉通因此而被后世尊为"美学之父"。

美学诞生之后，西方美学大体沿着三个方向发展。

一是哲学美学方向。"美学理论是哲学的一个分支。"这一观点在中西方美学史的发展中得到了充分的印证。美学研究的基本问题，往往也是哲学的核心问题。哲学就是"人学"，离开人，没法说哲学，更无法谈美学。真、善、美只对人才有意义。离开美学，哲学依旧存在，而离开哲学，美学就会被等同于艺术学、文艺学、审美心理学、语言分析学和艺术批评学，等等。美学与哲学、美学与人学的联系具有内在性和必然性。

哲学美学，即沿着传统美学研究的道路，主要从哲学高度上探讨、阐述美和艺术的本质问题。走这条道路的美学家主要有德国的康德、谢林、席勒、黑格尔、叔本华，法国的柏格森，意大利的克罗齐，美国的杜威，等等。

二是心理学美学方向。美学和心理学的千丝万缕联系，在中西美学史上很早已被人们发现。美感作为一种活动是在心理领域进行的。审美的生理机制和心理机制，以及美感经验的结构、要素、过程往往制约着审美活动。而对美感经验的分析，则需要借鉴和吸收心理学的研究成果。

心理学美学，就是从心理学的角度，侧重于研究人的审美心理，解释人为何产生美感，以及美的艺术创造与审美心理的关系等问题。走这条道路的美学家主要有德国的费希纳、英国的柏克、奥地利的弗洛伊德、美国的阿恩海姆、英国的冈布里奇，等等。

三是社会学美学方向。社会学研究社会现象及社会发展的普遍规律，包括社会结构、社会关系、社会行为、社会活动、社会形式、社会组织、社会生活、社会过程、社会进步等内容。而审美活动是一种社会文化活动。人的审美心理、审美趣味、审美观念、审美理想、审美价值、审美态度等与社会文化环境、社会条件、社会精神、社会时尚、社会风气、社会基础、社会发展、社会理想以及审美的社会功能（传播功能、教育功能、消费功能、价值取向功能、文化建制功能、行为导向功能、沟通与调节功能、休闲娱乐功能、文化产业功能等）关系十分密切，而且潜存着十分广阔的研究领域，从而形成了审美社会学、艺术社会学等一系列分支学科。走这条道路的美学家主要有德国的格罗塞，法国的丹纳，俄国的别林斯基、车尔尼雪夫斯基、普列汉诺夫，等等。

马克思主义美学主要是哲学和社会学的美学。马克思主义美学由马克思、恩格斯创立，由普列汉诺夫、卢卡契等发展和丰富。

鸦片战争之后，中国逐步引进西方美学，王国维、梁启超、蔡元培、鲁迅、朱光潜、宗白华、蔡仪、李泽厚等在介绍西方美学和建设中国式现代美学方面都做出了突出贡献。

现代世界美学流派林立，中国当代美学研究也发展得很快。中华人民共和国成立后，美学研究经历了起始期（20 世纪 50 年代中期至 20 世纪 60 年代初期）、探索期（20 世纪 70 年代中期至 20 世纪 80 年代中期）和跨越期（20 世纪 80 年代中期以后）三个时期，已取得了重大的突破和丰硕的成果。未来美学研究的空间将更为宽广，美学必将更加多样性地发展。

第二节　建筑的含义与特性

一、建筑的含义

"建筑"一词源于古希腊语，仅就其表面而言，包括两种最基本的含义：一个是动词，即人们为获得栖身之所而从事的生产活动；另一个是名词，是指人们建造的，用来从事各种生活和活动的空间。在人类诞生以前，没有建筑存在，世上万物皆生活在纯粹的自然界中，人类诞生以后，挖掘的"洞穴"、搭筑的"鸟巢"成为人们赋予意志的产物时，最初的建筑便由此诞生了。从原始的"穴居""巢居"到神秘的埃及金字塔、经典的古希腊建筑、壮观的中国万里长城、庞大的古罗马建筑、辉煌的欧洲文艺复兴建筑，直至今日社会纷繁复杂的建筑类型，不同时期、不同地域的建筑形式反映了不同时代的历史背景，民风民俗，文化技术水平，经济、政治、社会的发展状况。人们需要建筑，人类在创造自己历史的同时，也创造了建筑发展的历史。

建筑的本质是建设者以一定的科学技术、艺术方式和物质材料建造的，附着在一定土地上的，适合人们进行生产、生活和社会活动的房屋、场所、设施及其建造活动。建筑是一种由人创造的，凝聚了人所创造的物质内容和精神内容的实体。

建筑是人对自然的积极抗御与适应的体现。人类所做出的很多努力都集中于解决由地理环境的恶劣条件造成的难题，如各种各样不利的气候、生物憩息状态、峡谷、高山、江河、湖泊，等等。人们通过建造房屋"待风雨""辟群窟"，以抵御自然界的不利因素及其作用，使自己温暖、舒适、安全和方便。人们通过建筑方式，经常逾越各种障碍。使陆地相连，把海洋贯通，让天堑变通途。越来越广泛地改造自然，利用自然资源为自己服务，使人类积极地脱离自然界，又能动地置身于自然界的建筑中，是人类积极处理人与自然关系的象征。房子、乡村、城市、各种基本建设工程（公路、铁路、桥梁、水库、经济技术开发区、填海建设区等）都反映了人类在处理与自然关系中的非凡智慧和力量。因而，建筑是人类文明最集中、最突出的代表。

建筑体现了人对社会的创造性适应。人生活在社会之中，与社会的各种条件发生了关系。人要在社会中生活，就要营造自己特定的活动空间和物质设施，形成社会的秩序状态和保障状态。通过建筑，人们获得了开展经济生活、政治生活、文化社会生活所需的一定重要条件。而且，通过日新月异的建筑产品，人们不断地改变着社会的物质生活方式和精神生活方式，改善了社会面貌，增强了人类创造物质财富和精神财富的能力，对社会发展起了有力的促进作用。

建筑是思想文化的空间，建筑中的思想文化来源于社会人文形态，是对社会人文的引申、应用和提升创造。建筑中充盈着政治、伦理、宗教、艺术、哲学的意境和氛围。建筑营造了舒适宜人的环境，满足人类从物质到精神多方面享受的需要。人们建设各种各样的科技、教育、文化、体育等设施，满足人们精神文化发展的需要，以提高人类自身的智力、体力和思想道德素质。建筑的发展是衡量人类人文精神发展的重要尺度。

二、建筑的特性

（一）建筑的物质性

建筑不是自然存在的东西，而是从动物世界中脱离出来的人类运用自己的力量和智慧创造的。社会产品是由人类组成的社会最基本的物质财富。建筑是一个物质系统，它是人们利用土地资源、环境条件、建筑材料、建筑设备器材、经济实力等一切可利用的因素，按照自然规律和社会法则创造出来的物质产品，它具有安全、舒适等使用功能，它一旦形成后，就成为社会存在的客观物质条件而发挥作用。

（二）建筑的精神性

建筑实践是人们自觉的创造活动。人们按照自己的意识和愿望创造社会历史，人们也按照自己的思想观念、情感、意志、审美理想、行为方式来构造建筑。人们对建筑倾注了资财、心血，也倾注了思想感情。"建筑是思想的容器，是人类生活的精神家园。"人们的种种行为方式、精神文化形态、观念都会在建筑上反映出来。它是人的主观能动性，人的理想、追求、欢快、痛苦等情感与心理内容的外化。建筑包含了人类各种丰富、复杂的心理内容。这些内容既有普遍的全人类的内容，又有受空间、时间的天然限制所形成的民族和时代的内容；既有显而易见的群体性特征，有时又有鲜明、生动的个性特征。

（三）建筑的功能性

建筑的实用性，亦即建筑的功能性，是指建筑具有特定的实际用途。建筑不仅像一般的艺术音乐、绘画、雕塑等具有欣赏性，而且像工艺美术品一样具有实用性。建筑具有很强的实用性，能够满足人们实际使用的需要，这是人们对建筑的基本要求，也是人们建造建筑的主要目的。

（四）建筑的科学技术性

建筑是一项技术性很强的工程。它既是人类科学技术的直接见证者，又是直接受益者，它总要借助科学技术的物质手段不断地完善自己，体现自身的价值，构造自己的艺术形象。它需要科学技术的指导和参与，随着科学技术的发展而发展。建筑活动的策划、勘察、规划、设计、营造过程都要应用有一定水准的乃至其所处时代先进的科学技术，诸自然科学、人文社会科学、规划设计技术、材料技术、施工技术、建筑设计技术、环境技术、生态技术，等等。

（五）建筑与环境的统一性

建筑与环境具有统一性。建筑建立在一定的地理位置或环境位置，与周围的条件形成一定的环境关系，即建筑与社会环境、经济环境、自然环境的关系。它包括一定建筑内部（室内）与外部（室外）的关系，单体建筑与群体建筑的关系，群体建筑与城镇村落系统的关系，建筑与一定区域社会、经济、自然环境的关系，等等。建筑的价值不仅在于建筑本身的价值，还包含着它所依附的土地价值，它的社会环境价值、经济环境价值和自然环境价值，等等。

（六）建筑的艺术性

艺术通过创造具体生动的形象来反映社会生活的意识形态，它的最大特点就是依靠色、声、形、情、态等形象的美来表现人们的认识、情感、意志，按照审美规则来表现社会生活和影响社会生活。

建筑具有很强的艺术性。建筑是人们利用自然材料，按照美的意识进行创造而形成的创造物。它既源于自然，又融进了人类的思想意识、科学技术以及艺术的成分。一方面它是一件实用品，能满足人们特定的实用需要；另一方面，它又是一件艺术品（对于建造得好一些的建筑而言），具有可欣赏性。它能满足人们的审美需要，又能够给人们带来美感，丰富人们的精神世界。

第三节　建筑美学的研究对象和思想特征

一、建筑美学的研究对象

建筑作为一种艺术，历来是美学研究的重要对象。如今，建筑美学正处于形成与发展过程中，尚未具备一个完整的体系。建筑美学的研究对象就成了一个十分复杂但又必须首先解决的问题。

说它复杂，是因为建筑作为人类创造的一种特殊的艺术，它既具有艺术的各种要素，如引动人审美情绪的多姿多彩的形式，包含了沧桑人世的观念、习俗、渴望与追求灿烂的形象，按照美的规律构造自身的各种杰出手段，以及与世界对话、向人类展示自己个性的独立语言——形体等，又具有大量非艺术的技术、物质等因素。当人们从美学角度对建筑进行理性把握时，很难清晰地划分建筑自身的构成因素中，哪些是美的因素，哪些是技术因素，哪些又是文化因素。建筑的整体造型、细部结构、材料的质地及色彩中，美、技术、文化等因素往往是浑然一体、难以清晰地分开的。所以迄今为止，关于建筑美学的研究对象，学术界尚无一个完整而公认的解说。但是，作为一门理论学科，建筑美学的研究对象，又是必须首先被给予清晰界定的。毕竟如果不清楚本门学科的研究对象，那么对建筑美学的研究也就无从谈起。

从目前的研究状况来看，建筑美学所研究的主要有如下内容。

（一）建筑艺术的本质和特征

建筑之所以成为一种艺术，成为人们一个重要的审美对象，首先是因为它凝聚着人类物质生产的巨大劳动，是人类自觉改造世界的直接成果。其次，正如马克思所说的，它是人类按照任何物种的尺度来生产，即依靠美的尺度来生产的。建筑艺术的这一本质，决定了它与其他各种艺术形式完全不同的特征。英国美学家罗杰斯·思克拉顿认为，建筑艺术有实用性、地区性、总效性、技术性、公共性五大特征。

（二）建筑艺术的风格

风格是民族的特征，也是时代的特征。不同时代、不同民族的建筑艺术风格，总是集中地体现了该时代民族的政治、哲学、伦理观念，凝聚着当时当地几乎全部的上层建筑和意识形态的灵魂。在建筑发展史上，各时代、各民族的建筑大师们创造了绚丽多彩的建筑艺术风格，如古代的希腊风格、罗马风格，中世纪的哥特风格，近代的巴洛克风格、洛可可风格等。建筑美学的任务就是揭示这些不同建筑风格的本质、特点、内在精神及其相互之间的关系，并进一步揭示建筑艺术史上的各种思潮，如文艺复兴时期的古典主义、18世纪的理性主义和浪漫主义、19世纪的复古主义和折中主义、21世纪的现代主义，对建筑艺术美的态度和审美标准，对建筑艺术风格形成的影响与作用以及它们之间的斗争和融合，等等。随着现代政治、经济、社会的日益发展，建筑技术与功能的不断更新，建筑风格发生了巨大的变化，许多古典的建筑艺术美在今天已变得陈旧了。因此，如何运用现代建筑材料和技术，在借鉴古典建筑艺术的基础上，创造和形成富有时代气息和民族气派的新的建筑风格，成为建筑美学与建筑设计亟待探讨的课题。

（三）建筑艺术的形式美

人们对于建筑的美感，客观上来源于建筑的形式，如质朴、刚健、雄浑、雍容、绮丽、华贵、端庄、细腻等。人们对建筑的这些审美判断，作为一种主观的感受，无不是对建筑序列组合、空间安排、比例尺度、造型式样、色彩质地、装饰花纹等外在形式的反映。因此，建筑形式美的基本法则，以及它如何被运用于各个时代、各个民族、各种类型的建筑，是建筑美学的重要内容。

在经典的建筑美学理论中，柏拉图是最早从形式的角度研究建筑美的思想家与美学家。以他为代表形成了建筑美学理论的一个影响巨大的派别——形式主义派别。这一派别认为，美是形式上的特殊关系所造成的基本效果，如高度、宽度、大小或色彩等因素，美寓于形式本身或其直觉之中，美的感觉是一种直接由形式所造成的情绪，与它的含义和其他外在的概念无关。

文艺复兴时期的美学家在论述建筑的美时，更为明确和实在地指出了建筑美的由来及其产生与建筑形式的关系。阿尔贝蒂从审美的角度明确指出："我们从任何一个建筑物上所感觉到的赏心悦目，都是由美和装饰引来的。"帕拉第奥更为直接地指出："美产生于形式，产生于整体和各部分之间的协调，

部分之间的协调，以及，又是部分和整体之间的协调；建筑因而像个完整的、完全的身体，它的每一个器官都和旁的相适应，而且对于你所要求的来说，都是必需的。"19世纪德国哲学家与美学家叔本华，在具体谈论建筑的美时也提到，建筑美的基础不是别的，而是建筑的结构，而结构又是通过建筑造型、体量、立面、线条等可见可感的外部形式体现出来的。外部形式所具有的统一、对称、比例、韵律又是组成建筑美的最基本的形式规范。

概括来讲，建筑形式美具有十大法则，分别为统一、均衡、比例、尺度、韵律、布局中的序列、规则的和不规则的序列设计、性格、风格和色彩。它们是建筑美的基本内容。

二、中西方建筑美学思想特征

（一）中国建筑美学思想

1. 中国古典建筑美学思想

中国古典建筑美学是指19世纪中叶以前的中国建筑审美思想。中国古代建筑以占绝大多数以木结构为主的汉族建筑为代表，它是世界上一个独立的建筑体系，具有独特的艺术风格。

（1）基本要求

中国古典建筑美学思想所涵盖的范围非常广泛，其基本要求：始终以人文主义为核心，把建筑艺术的理性内容，即人文内涵放在首位；要求建筑艺术与人的生活环境，包括自然环境与社会环境认同一致；充分发挥审美心理中某些特有的浪漫因素，努力表现特有的审美趣味，使建筑艺术呈现出理性与浪漫相交织的美。

（2）具体表现

抽象的美学思想要求在建筑中的具体表现为：天人合一，即追求建筑形态与自然形态的统一；美善合一，即重视社会价值与审美价值的统一；刚柔合一，即讲究阳刚壮美与阴柔优美的统一；工艺合一，即坚持技术法则与艺术构思的统一。

（3）古典建筑美学的两种境界

在中国古典建筑美学思想中，建筑的美可以分为两种境界，分别为入世之境和自然之境。

入世之境是表现建筑与人的关联的境界，其要点在于建筑自身的形式美与主人对建筑环境的影响。

在入世之境的思想影响下，中国古代建筑师对建筑一般不会提出明确的美学要求，以致用为美；在以致用为美的基础上讲求视觉上的和谐，即目观之美；在人对环境的审美关系不断发展的过程中，产生了比德之美，认为建筑可以反映主人的品德；在创作方面，认为美是人的作品，人创作它是为了在精神上得到满足，即以畅神为美。

自然之境，指人与自然和谐统一的境界。其要点在于人对自然的看法。其形式包括：自然绮丽——中国南方建筑美学思想表现，是指重视人的情感想象，自由抒发，追求人与自然融合，在形式上喜欢奇幻艳丽，在思想上提倡自由无羁的美学思想，这种审美文化不仅赋予中国南方建筑以特色，而且对中国美学思想的进步转变起了作用；自然清新——重视人的作品，美在自然被理解为创作之清新自然而无雕琢之气；出世之境——精神出世的自由境界，最主要的特点是在人与环境的关系方面，把人的精神提到决定一切的地位，而对物境则看得很次要。

（4）古典建筑美学的造型准则

①气韵生动。气韵生动是建筑表意的一个造型准则，要求在造型技法上讲究骨法用笔，具体表现在造型过程中，即创作者心里怎么想，手就怎么动，得心应手，达到一种自由与确定的地步，一气呵成；以形传神，追求神韵，而不是肤浅地在形式上考虑，因此表现出一种高品级的仪态；在立意造像、熔裁格局、结构构图反映主题思想时，能做到删繁举要，舒华布实；能根据不同的环境、条件、要求、时尚等具体情况，加以巧妙控制与权衡，做出精致贴切的安排，创造出一种感觉之真；在造型中，既符合规律，有一定章法，又有所超越，达到一种高度灵活自由的境界，造型要求创造出一种活的有机的又自由的形式；造型的作品有高有低、有明有暗、有前有后，层次井然，既表现出形式美之丰富多彩、清新自然，又看不出是在刻意雕琢；在表现技法上，主张：形式创造，应物类形；色质处理，随类赋新；注重格局与氛围布置。

②神形兼备。所谓神，是指通过创作传达某种只能被人意识到的精神。中国古今优秀的建筑艺术，无一不是既可以表意，也可以传神的。形神之辨表明形与神的关系如何，目前主要观点有以形写神、以形写形、以貌取神。

③体宜因借。体宜因借要求得体，即设计达到主体的目的与要求。主体的目的要求主要指由审美观念所决定的审美理想的实现。所谓建筑要得体，就是指建筑要有意境，具体做到巧于因借。

建筑艺术中的意境创造不能单从创作者的主观出发，而要从进入其中的人的活动来考虑，还要考虑公众参与问题。因此，在规划选址、经营位置、空间布局、处理风景、人文要素等方面，需要做到既巧妙又恰到好处；在处理手法方面，基于充分掌握客观规律，达到一定的自由程度，表现为能够不拘常法，因乎自然，"虽由人作，宛自天开"；在构图上，要善于利用一切可以利用的条件。

④淳熟柔和。淳熟柔和是指不求豪华之真淳，经过加工制炼的成熟，具有纤巧雅秀的阴柔美，即建筑与环境有机结合。林泉高致，是对建筑创作与审美的要求。其中包括：创作者需要有良好的素质与修养；创作者应有广博的知识与阅历，达到真淳熟练；创作者要有丰富的实践经验；创作中的立意、构思都要去粗取精。

中国古代关于建筑艺术作品的评价标准，可分为逸、神、妙、能：不拘常法者为逸；风神骨气有雄峻之美者为神；秀逸者为妙；妍美功用者为能。

2. 中国近现代建筑美学思想

中国近现代建筑美学思想是指 19 世纪中叶以后，中国建筑中关于审美问题的思想。

1840 年鸦片战争以后，为了适应新功能、新技术的出现，大量新形式的建筑应运而生，使得传统的审美观念发生了根本动摇；但动摇的同时，传统的建筑形式和审美趣味仍有强大的力量，这种矛盾直接影响近现代建筑的创作，在当时产生了两种截然不同的倾向。

（1）全盘否定倾向

全盘否定倾向全盘否定传统，认为出现了新功能、新技术，就必然出现新形式。传统建筑形式已无法满足这些新的要求，传统的艺术必然消亡；而西方建筑则已经有了满足这些新要求的定型和成熟的模式，应当直接搬用西方形式。同时，近代反封建的浪潮导致了反传统意识，因而导致了否定传统建筑艺术和相应美学思想的产生。

（2）继承与发扬倾向

继承与发扬倾向认为传统建筑艺术是中国的国粹，是一种民族文化，应当而且可以被继承发扬，其主要观点如下。①认为官式宫殿建筑是古代建筑的精华，在新建筑中（主要是大型公共建筑）要突出它的形象，特别要突出玻璃瓦大屋顶、斗拱、彩画、石雕台基栏杆等。②认为各地区的民间建筑（包括少数民族建筑）最能反映民族的创作活力，其形式最有审美价值，因此力求在建筑中加以应用，以体现鲜明的地方特色。③认为应当继承传统建筑的内在精神，不能硬搬用已过时的古代形式，要求新建筑与古建筑神似而不能形似。

20 世纪 80 年代以后，中国建筑美学思想有了新一步的进展，相关学者开始提出"新的建筑应当既是现代的，又是民族的"观点。这种观点现如今得到了越来越多的赞同，并且在实际创作中也出现了为数不少的成功作品。

（二）西方建筑美学思想

1.西方古典建筑美学思想

西方古典建筑美学思想是指 19 世纪中叶以前，西方国家关于建筑审美问题的思想。西方古典建筑在建筑学中是一种具有指向性的泛称，主要是指从古希腊、古罗马，直到意大利文艺复兴，以及欧洲、美国 18 世纪和 19 世纪上半叶盛行的一种以柱式为特色的建筑样式，它在西方古典建筑的发展中占有主导地位。

（1）表现特征

①对人体美的崇尚，是古代希腊建筑美学思想的中心之一。古希腊人在建筑活动中常参照人体美为柱式确定严格的比例和度量关系，或直接利用体型，如陶立克柱式和爱奥尼克柱式。

②古罗马建筑艺术，以规模宏大、风格豪华为主要特征。宫殿、角斗场、剧场、公共浴场、凯旋门和广场的大量建筑，促使西方古典建筑艺术臻于成熟。

③公元 5 世纪到 10 世纪之间，封建主义与神权占领了统治地位，紧紧束缚了建筑艺术的发展。

④在文艺复兴时代，西方五种柱式的规范基本完成，而且在建筑创作中广泛使用了券柱、叠柱、壁柱和柱的组合等手法，使得柱式建筑形式丰富多变而又协调。

⑤柱式建筑在 17 世纪的法国，形成了所谓的古典主义风格，为了适应绝对君权的强化和宫廷建筑的需要，建筑一味追求柱式比例的纯粹美，认为古典柱式的美是一种绝对、永恒的美。

（2）表意特征

神与人是西方古典建筑美学思想的两个中心。西方古代生活中富有神话，人们认为神最崇高美好，神的境界是最美的境界，神为人们解释疑难问题。在人们的意志实践中，神实际上成了人们的精神支柱，神寄托着人的萌芽状态的审美情感。以人为中心的思想则倾向于人的创造和神的人化，以及神与人之间的联系。

①神性的建筑

这里的神是指人们想象中的一种观念，它通过宗教进入人们的生活。宗教有审美意义，需要建筑艺术充当它的侍从，另外，建筑的发展事实上也利用了宗教。

神性的建筑注重形式，不仅建筑整体有一个完整的外貌、严格的布局、细部精雕细刻，而且创造出了不少成功的建筑问题和程式化的组合。为了追求有机和谐，建筑大都安排得有头、有尾、有中部；为了要有一个适于观赏的大小，建筑的各部和形式要素都通过严格的数字加以控制。

②人性的建筑

人学即人文科学，指有关社会现象、文化艺术的研究成果。在建筑创作中，引入人文科学成果，作为造型表意形象或环境布置。

建筑的人文主义，指建筑艺术在表意方面以人为中心的一种进步思潮，主要表现：建筑创作开始采用古典建筑问题与设计处理手法；场与园林建筑活跃，风格变得开朗，有民主气氛；世俗建筑，特别是府邸，成为建筑艺术创作表人性之意的重要领域；建筑师与艺术家一样都重视技艺。

2. 西方近现代建筑美学思想

西方近现代建筑美学思想是指 19 世纪中叶以后欧美发达国家新的建筑美学倾向。随着西方资本主义的发展，西方近现代建筑开始出现，西方现代建筑走向成熟并建立自己的美学思想体系。

（1）芝加哥学派

芝加哥学派积极采用新技术、新材料，在建筑艺术上大胆创新，使建筑形式从沉重的古典样式中解放出来，很多高层建筑形象简洁明快；宽阔的芝加哥窗明亮大方，合理实用，富有新时代气息的美。

（2）净化倾向

20 世纪初的欧洲，新的艺术思潮和流派不断涌现，造型艺术中几何抽象主义的美学倾向逐渐流行起来；建筑艺术开始出现净化倾向，成为西方现代建筑的超前作品。

（3）高技派

20 世纪 60 年代以后人们追求技术美的倾向，形成了所谓的高技派，以结构的逻辑作为创作构思的基础，暴露结构，追求结构形式的韵律美和力度美；坦露功能、设备，追求功能美和技术美；显示新材料、新工艺，追求轻盈、剔落、光亮的美。

（4）表现主义

在西方众多建筑流派中，表现主义的美学倾向相当普遍，他们的美学兴趣大多集中在对建筑形态的创新上，他们经常用隐喻和象征的手法设计出一鸣惊人的作品。

（5）多元创作

建筑思潮中的个性化发展，必然导致建筑创作的多元状态，如时间因素、环境观念、文化意识，都成了建筑美学追求中新的角度。

第二章　建筑形式与建筑的美学表现形态

在当代建筑美学的研究历程中，人们不断地对建筑形式美的法则与运用进行研究。建筑是全世界人类进步发展的产物，也是人类时代的见证。建筑始终与艺术结合在一起，并随着艺术观念的发展而发展。本章主要从美学的视角，从协调与均衡、对比与微比、变化与统一、节奏与韵律等方面分析建筑形式美之间的关系，以达到将其更好地运用到建筑中的目的。

第一节　建筑的基本形式

一、古代与现代建筑形式的联系

从古至今，中国人和外国人都受文化差异和地域风俗的影响，观察建筑形式的角度和出发点大相径庭。中国人一般是从建筑类型来看建筑形式的，而外国人则习惯从建筑风格来辨别建筑的好与不好。中国的两位作家顾孟潮与杨永生主编了《20 世纪中国建筑》，两人曾在选编标准中明确"各种风格、各种类型的建筑，均可在选取的范围之内"，这句话明显将类型与风格对等排列，只是书中只涉及类型索引却没有风格的索引，这就为成为该书的不足之处。

建筑一般指的是社会生活空间，是自然人活动的体现。可见，建筑的基本要素包括结构、空间和形式，各因素相互关系密切，具有自身的社会意义和人文意义。建筑空间指的是人类或者社团、个人的制度化领域，是通过结构的支撑而表现出来的社会化生态活动空间；结构是人们使用基本技术手段通过有序物化的组织构架；形式讲的是基于结构和空间社会人文的语言表现。由于人们的生活时代不同，生活方式也有所差别。

总而言之，每个人都将自身的精神需求和物质需求作为中心，向建筑师传达自己的想法，通过利用科技发展的成果，创造出具有独特的结构的能够体现自己风格和个性的建筑空间，这就要求建筑师具有高超的技艺。建筑结构以及形式、空间，包括当时当地的社会文化、生活方式等因素都会影响建筑师的设计理念，再加上建筑师受自身的经验和文化修养，以及艺术灵感等因素的限制，想要得出一套完美的建筑是一件非常困难的事情。由于建筑师建造出一套天衣无缝的建筑难度很大，因此有人会称杰出的建筑作品为"鬼斧神工"。

古代建筑师经过多年的实践，得出建筑设计与营造工作中可以大量使用《墨经》中的故理类法的逻辑思考和《易经》中的类型化理论模式的结论。这样有助于建筑师利用原型以及转型的设计理念，通过组合、尺度、装饰和序列等多种方法，因地制宜，创造出业主所希望得到的建筑，构建成一种有张力、制度化以及场景化的建筑形式，与印度建筑等有几何张力、比较多变的、风格化的建筑形式有很大的差别。古代的建筑师也可以被称为匠人，都是以不但熟悉工程做法，而且通晓传统文化典籍的鲁班等人为主要代表，逐渐形成我国的建筑流派。

通过建筑的形式化和生活的类型可以得到具有现代社会生活系统意义的建筑形式。建筑形式的飞速发展离不开当代的经济、政治、社会和文化。从古到今基本上每个匠人都受传统习惯的影响，会非常在意业主的意见，甚至有的还会站在更高的高度来理解问题，将建筑融入生活、融入社会，不断进行认同和共识的创新，将世俗文化与高雅文化相结合，体现出更高的境界，表达出独特的诗意。比如在秦汉时期，当时主要都是木建筑，其木结构建筑体系已经趋于成熟，一般是政治生活作为设计理念主导的，犹如萧何所治未央宫中的"非壮丽无以重威"，其中的美体现在神气及气势上。明清时期，一般都是以民居、私家园林为主的古代建筑，建筑设计的理念受当时严酷的政治矛盾所影响，最有代表性的是八大山人和石涛的水墨画中所体现出的只追求品质及格局，但不追求形式的风范。其中的美体现在气质及神态上。

二、我国古代建筑的基本形式

（一）硬山式建筑

屋面仅有前后两坡，左右两侧山墙与屋面相交，并将檩木梁全部封砌在山墙内的建筑叫硬山式建筑。硬山式建筑是古建筑中最普通的形式，住宅、园林、寺庙中都有大量的这类建筑。

硬山式建筑以小式最为普遍，清工部《工程做法则例》列举了七檩小式、六檩小式、五檩小式几种小式硬山建筑的例子，这几种也是硬山式建筑常见的形式。七檩前后廊式建筑是小式居民中体量最大、地位最显赫的建筑，常用它来作主房，有时也用作过厅。六檩前出廊式用作带廊子的厢房、配房，也可以用作前廊后无廊式的正房或后罩房。五檩无廊式建筑多用于无廊厢房、后罩房、倒座房等。

硬山式建筑也有不少大式的实例，如宫殿、寺庙中的附属用房或配房多取硬山形式。大式硬山建筑有带斗拱和无斗拱两种做法，带斗拱大式硬山建筑实例较少，一般只施一斗三升或一斗二升交麻叶不出踩斗拱。无斗拱大式硬山建筑实例较多，它与小式硬山建筑的区别主要在建筑尺度（如面宽、柱高、进深均大于一般的小式建筑）、屋面做法（如屋面多施青筒瓦，置脊饰吻兽或使用琉璃瓦）、建筑装饰（如梁枋多施油彩画，不似小式建筑装饰简单素雅）等诸方面。

（二）庑殿式建筑

庑殿式建筑屋面有四大坡，前后坡屋面相交形成一条正脊，两山屋面与前后屋面相交形成四条垂脊，故庑殿又称四阿殿、五脊殿。

庑殿式建筑是中国古建筑中的最高型制。在等级森严的封建社会，这种建筑形式常用于宫殿、坛庙一类的皇家建筑，是中轴线上主要建筑最常采取的形式。例如，故宫午门、太和殿、乾清宫，景山寿皇殿等都是庑殿式建筑。在封建社会，庑殿式建筑实际上已经成为皇家建筑之外，其他官府、衙署、民宅等绝不被允许采用的建筑形式。庑殿式建筑的这种特殊的政治地位决定了它用材硕大、体量雄伟、装饰华贵富丽，具有较高的文物价值和艺术价值。

（三）歇山式建筑

在形式多样的古建筑中，歇山式建筑是其中最基本、最常见的一种建筑形式。

歇山式建筑屋面峻拔陡峭，四角轻盈翘起，玲珑精巧，气势非凡，它既有庑殿式建筑雄浑的气势，又有攒尖式建筑俏丽的风格。无论帝王宫阙、王宫府邸，还是古典园林等各类建筑，都大量采用歇山这种建筑形式，就连古今最有名的复合式建筑，如黄鹤楼、滕王阁、故宫角楼等，也都是以歇山为主要形式组合而成的，足见歇山式建筑在中国古建筑中的重要地位。

在外部形象看，歇山式建筑是庑殿式建筑与悬山式建筑的有机结合，仿佛一座悬山屋顶歇栖在一座庑殿顶上。因此，它兼有悬山式和庑殿式建筑的某些特征。如果以建筑物的下金檩为界将屋面分为上下两段，那么上段具有悬山式建筑形象和特征，如屋面分为前后两坡，梢间檩子向山面挑出，檩木外端安装博缝板等；下段则有庑殿建筑的形象和特征。单檐歇山、重檐歇山、三滴水（三重檐）歇山、大屋脊歇山、卷棚歇山，都具有这些基本特征。

尽管歇山式建筑都具有一定的形象特征，但对构成这种外形的内部构架却有许多特殊的处理方法，因而形成了多种构造形式。这些不同的构造与建筑物自身的柱网分布有直接关系，也与建筑的功能要求及檩架分配有一定关系。

（四）攒尖式建筑

建筑物的屋面在顶部交汇为一点，形成尖顶，这种建筑叫攒尖式建筑。攒尖式建筑在古建筑中大量存在。古典园林中各种不同形式的亭子，如三角、四角、五角、六角、八角、圆亭等都属攒尖式建筑。在宫殿、坛庙中也有大量的攒尖式建筑，如北京故宫的中和殿、交泰殿，都是四角攒尖宫殿式建筑，而天坛祈年殿、皇穹宇则是典型的圆形攒尖坛庙建筑。

（五）悬山式建筑

屋面有前后两坡，而且两山屋面悬于山墙或山面屋架之外的建筑，被称为悬山式建筑。悬山式建筑梢间的檩木不是包砌在山墙之内的，而是挑出山墙之外的，挑出的部分称为"出梢"，这是它区别于硬山式建筑的主要一点。

以建筑外形及屋面做法分，悬山式建筑可分为大屋脊悬山和卷棚悬山两种。大屋脊悬山式建筑前后屋面相交处有一条正脊，将屋面截然分为两坡，常见者有五檩悬山、七檩悬山以及五檩中柱式悬山、七檩中柱式悬山、卷棚悬山，布置双檩，屋面无正脊，前后两坡屋面在脊部形成过陇脊。

常见的卷棚悬山有四檩卷棚、六檩卷棚、八檩卷棚等。还有一种将两种悬山结合起来，勾连搭接，称为一殿一卷，这种形式常用于垂花门。

三、我国现代建筑形式的发展

近代以来，中国建筑从传统建筑和西方建筑的求同存异中，充分吸收了西方的建筑空间，将现代技术和形式观念不断改进和发展，而使其逐渐贴近人们的生活。利用这种方法建造出来的建筑具有中庸的精神，其中不但包含现代人审美的意境与对生活的追求，还能体现出传统建筑文化内涵。

中国建筑形式的类型化所体现出的美学意蕴，无论哪种都能够体现出建筑师对美的理解、业主的理想要求、古代建筑的文化内涵。这些都是中国建筑精神在不同时代独有特色的体现，可以借用人性与自然相融合来表达。而且这些创造都是以鲁班为代表的建筑师们巧夺天工的手法，结合传统与现代建筑的主要因素，结合不同的建筑理念，将其全部融入建筑理念当中的。

中国建筑师通过类型化思考的发展，创造出各式各样看起来一样其实有很大差别的建筑形式，而且借鉴事物和文献，揭示出一些有关建筑类型学的问题。人们在不同的时代，都会面临相似的问题，而且这与现代建筑类型学中所出现的问题非常相似。这样一来我们就可以更加便捷地运用解释学的历史感原则，根据现代建筑类型学的发展，进一步对传统建筑形式类型化思考的重要价值进行说明。

从古至今，中国全国各地的匠人，都是由一些优秀的匠人做头领，将每个地方的匠人拉进一定的流派，根据一个城市的风格、习俗和人文社会，来构建出其独特的固有的建筑特色。但是当代的建筑形式明显与古代建筑之间有很大的转变，其中当代中国建筑的转型具有以下几个条件。第一是当代建筑师学习并引用了西方社会的生活方式以及建筑理论，然后结合自己的经验和思维方式，构建出新时代的建筑形式。第二是当代建筑师充分了解自己所设计的建筑所要体现出的要素以及将要传承的内容，结合自己以往的经验把握中国建筑形式的类型化思考特点，这样才有可能将中国建筑与西方几何化的建筑形式融为一体。在转型的过程中，需要我们留心的，即建筑思考的抽象性和建筑结构的多样性是辨别当代建筑形式设计的类型学思考和当代建筑类型学思想是否属于传统建筑形式的类型化思考。

被人们忽略的，即建筑形式的类型化思考和建筑形式的个性化思考是有很大差别的，而且前者并不能代替后者而独自存在，有时还会限制个性化思考的范围，但是只有个性化思考才能将建筑的风格体现出来。类型化思考可以在建筑类型的意义上创造各式各样的建筑形式，能够满足建筑的社会需求，但是满足不了风格以及个性的需求。我国现代的建筑形式就是通过建筑形式的类型化思考以及个性化思考，在设计能够满足社会需求与个性需要的同时，再将自己的个性融入各式各样的建筑作品中，然后融入当代文化、历史背景，这样才能展现出当代建筑形式的类型化思考。经过近百年的历史、文化对建筑转型的影响，人们由刚开始的被动转变到如今的主动，自主地理解中西方建筑文化之间的差异，适应目前的转型趋势。但是目前有一个问题需要进行认真反思：怎样才能通过建筑形式的类型化思考与个性化思考的紧密结合，从根本上解决传承与交融的问题。

第二节　建筑形式美的表现规律

在探索美的起源这一道路上，古今中外智者殚精竭虑，提出了一个又一个的观点。古希腊唯心主义哲学家柏拉图认为，美来自理念。继承柏拉图思想的普罗丁说得更明白："物体之所以美，是由于它具有了来自神的理性。"亚里士多德则认为："美要依靠体积与安排。"狄德罗认为，美是随关系而开始、增长、变化、衰落、消灭的。马克思则认为，美来自人的实践。中国的孔子与孟子认为，美来自真与善。有的认为建筑的美来自建筑的形式，有的则认为美来自建筑的形式与功能的统一，有的认为美来自建筑所表现的某种精神、文化内容，还有的则认为美来自建筑的艺术……

建筑形象构图的表现规律，也就是建筑形式美的规律，它既具体揭示了建筑美的来源，也为人们正确地欣赏和把握建筑的美提供了理论的根据。这正是建筑形象构图艺术规律的价值所在。这些表现规律主要有以下四个方面的内容。

一、均衡与协调

均衡与协调是建筑美的第一个表现规律，也是最重要的规律。建筑作为抽象性较强的艺术，与音乐一样，不能依靠再现客观世界来创造自己的美，而只能依靠自身各种形式因素的构图来显示自身的美，即依靠尺度、光影、质地及色彩，把方圆、曲直、刚柔、强弱、高矮、大小等形式因素有机地组合成和谐的整体，从而创造自己美的形式，给人以美感。

公元前6世纪，古希腊杰出的哲学家毕达哥拉斯就曾提出了"美是和谐"的著名命题。这一命题适应人类创造的各门艺术，而对"美在形式"的建筑艺术来说则显得更为切合。所以，从这一方面来看，和谐对于建筑艺术及建筑艺术美的形式来说，具有十分重要的意义。在形式美的层次上，可以说建筑的美就是和谐。不过，由于建筑艺术既有单体建筑，又有群体建筑，因此，和谐这一艺术规律也就具有不同的表现形态。

就单体建筑而言，和谐主要表现为形体、色彩、质地三大因素之间的相容、相协，以及这三大要素自身各因素（如形体中部件造型的大小，色彩中的彩度、明度、色调，质地中的软、硬等）的有机配合。古今中外，所有成功的单体建筑在构造自身的美时，其和谐之美都是遵循这一艺术规律的结果。

就群体建筑而言，和谐则不仅表现为单体建筑自身形式因素的协调，更表现为各单体建筑之间的整体配合和序列协调。与单体建筑的和谐相比，群体建筑的和谐更复杂，也更能有效地显示建筑艺术和谐的个性及艺术魅力。作为空间艺术的建筑，同时也是一种时间艺术。建筑艺术作为审美客体，如同其存在于空间中一样，也存在于时间中，所以群体建筑要达到和谐，就不仅需要在造型、色彩、质地方面使各个单体建筑有机配合，而且需要考虑整体序列的时间因素。只有既注意序列中建筑的空间组成形式，又注意序列中时间的因素，才能构成建筑群体的和谐，从而产生美。北京故宫的美就最典型、最集中地表现了建筑群体和谐的艺术规律及其艺术魅力。组成故宫的各单体建筑，自身的造型、色彩、质地都是和谐的。例如，太和殿在造型上，挺立的柱式，宽大、厚重的台基，协调适度，比例恰当；在色彩上，黄瓦、红柱、汉白玉台基，黄、红、白交相映衬；在质地上，硬朗的石头、瓷瓦与熟软的木柱相得益彰。同时，在从正阳门到景山长约三千米的中轴线上，又严整地排列着中和殿、保和殿等建筑，它们大小不同的造型，显出了建筑群体序列的层次，而这种分明、清晰的层次，又于富有变化的序列组合中揉进了第四度空间——时间，从而得到一种和谐、有致而又富有动势的美感。这一建筑群体的和谐之美也就由此而得到了体现。

构成建筑形象和谐的方式有多种多样，这些方式不仅体现了一定的技术思想，而且深刻地反映出一定时代、一定民族的宇宙观和哲学倾向。中国传统建筑所追求的和谐境界是"中和"，所采用的和谐方式是"调和"。这种境界和方式，是中国传统建筑最常用的技术方式，更是中国人宇宙意识的体现。中国人在自然与社会观方面，强调"中庸"，强调"天然合一"，主张在与自然、与人的融洽中和谐相处，以此来构成秩序，这种观念反映在建筑中就是建筑造型的"中和"之美，北京故宫就是"中和"之美的典范。它不仅十分得体地使太和殿、保和殿等建筑个体协调一致，构成"中和"之美，而且在单体建筑上使屋顶、柱式与台基等构件在比例、尺度上协调一致，形成"调和"之美。虽然中国人也讲究对比，通过对比来达到和谐，如太和殿的黄瓦、红柱、汉白玉台基，就在色彩、质地方面通过对比构成和谐，但这不是主要构成和谐的方式，中国建筑的和谐境界也主要不是对比和谐的境界，而是"中庸""调和"的境界。

与之相比，西方建筑则更侧重于追求"于对立中求和谐"的境界，这是因为西方人在自然观与社会观方面，更强调天人对立、人定胜天的思想，表现在建筑上，则常常以对比的方式构成和谐，如意大利的圣马可广场，处处充满了对比。在布局上，有方向的对比，如主广场轴线与次广场轴线的方向对比，新老市政大厦与图书馆之间的方向对比；有形态的对比；有风格之间的差异对比。正是在这种鲜明的对比中，又在立面构图、体量设计以及质量等方面巧妙协调，从而构成一个寓和谐于对比，于对比中见和谐的建筑群体。

因此中国现代著名诗人、散文家朱自清十分赞赏地认为，圣马可广场"这方场中的建筑，节奏其实是和谐不过的"。即使在单体造型方面，西方人也追求天人对立的境界。当然，西方人在建筑构图方面，也追求"调和"之美，如闻名世界的凡尔赛宫就是一例。但"调和"不是西方建筑追求的构造和谐境界的主要方式，其中最根本的原因不在技术方面，而在哲学意识方面。

与和谐的境界处于相近层次的建筑形象构图的表现规律是均衡。均衡与和谐虽在境界上有着一致和相似之处，但规定性却不同，和谐的境界往往包含着深邃的哲理，而均衡则主要着眼于形式，与哲理内容关系较远。作为形式美的范畴，均衡在建筑造型中主要有两种形态：一是静态均衡，二是动态均衡。静态均衡包括对称与非对称两种形式，动态均衡则主要是运动式。这些形式从不同方面表现了均衡作为建筑形象构图的表现规律的特点。

一般来说，对称的外观形式，能够自然地达到均衡的效果，这是因为无论从力学原理，还是从视觉原理方面分析，对称的外观必然有一条对称轴线，轴线两侧的物体在重量、体形上都给人完全相等的感觉，于是就会在人的心理上产生均衡的效果。而均衡感，从物质实用功能上讲，会使人产生一种安全感，而从精神功能上讲，则会使人产生一种审美的满足。"由均衡所造成的审美方面的满足，似乎和眼睛'浏览'整个物体时的动作特点有关。假若眼睛从一边向另一边看，觉得左右两半的吸引力是一样的，人的注意力就会像钟摆一样来回游荡，最后停在两极中间的一点上。如果把这个均衡中心有力地加以标定，使眼睛能满意地在它上面停息下来，这就在观者的心目之中产生了一种健康而平静的瞬间"，由此美感也就产生了。关于对称均衡与美的关系，早就引起了人们的注意。古希腊的毕达哥拉斯学派就认为："至于美……却不在各因素之间的平衡，而在各部分之间的对称。"在中外建筑史上，众多杰出的建筑，在形象构图上都采用了对称的形式，于均衡中透出美感，如古希腊的帕提农神庙，中国的北京天安门城楼，美国的白宫，法国的巴黎圣母院和巴黎明星广场上的凯旋门，等等。这些建筑在造型方面所显示的成功经验，正说明了对称均衡与建筑的美有着直接的关系。

当然，对称均衡固然可以产生美，但并非只要对称均衡就能产生美。对于建筑艺术来说，要使对称具有美感，还必须遵循一定的造型规律，讲究比例与尺度的和谐。这个规律就是要强调对称的中心线，注意中心线两边建筑形体的形象、体量的适宜与相似。

美国建筑师托伯特·哈姆林曾为建筑造型的对称美设计了两种方案。第一种方案是由突出的中央要素和旁边较矮小的后退侧翼所组成。人民大会堂的主楼大会堂是突出的中央要素，它两边的建筑比它矮 8 米多，且稍微退后一点。第二种方案是有两个端部突起，在这两个端部之间有一个联结要素。正因为这栋建筑规范合度，所以建筑的形象不仅十分美，且有一种气势从这种对称均衡的构图中透射出来。

不对称或不规则的均衡问题，不仅对建筑构图来说更为复杂，而且在今天也更为重要，因为，现代建筑的功能需要经常导致立面构图的不对称。德国现代派建筑的代表人物格罗皮乌斯在《新建筑与包豪斯》一书中曾经强调："现代结构方法越来越大胆的轻巧感，已经消除了与砖石结构的厚墙和粗大基础分不开的厚重感对人的压抑作用。随着它的消失，古来难于摆脱的虚有其表的中轴线对称形式，正让位于自由不对称组合的生动韵律的均衡形式。"

不对称的均衡形式，不仅在现代建筑中逐渐成为主导的构图形式，而且从美学的角度看，不对称的均衡所具有的美态还显得更有意味，也更轻巧活泼。比如，美国莱特设计的流水别墅一扫古典主义建筑讲究对称的造型风格，以几个部件自由而灵活地安放于流动的小溪之上，它的非对称构图十分活泼地体现了这幢建筑灵巧的个性，显示了现代建筑求新的审美倾向。即使是高耸入云的摩天大楼，它们那非对称而均衡的构图也显得灵巧有致。非对称的均衡虽然富有活力，但它同样也有自身的规律，而这种规律比对称的均衡更为复杂。

所谓不对称的均衡，是指"当均衡中心的每边在形式上虽不等同，但在美学意义方面却有某种等同之时，我们可以说，不规则的均衡就出现了"。这种均衡由于人凭眼睛不容易一眼看出，所以，建筑师在对这种非对称的建筑进行构图时，必须有力地将整幢建筑的构图中心鲜明地标示出来，如此方可使人在进行审美时产生均衡感，建筑构图的非对称美也才可以形成，这是不对称均衡的第一个规律，如德国的包豪斯校舍。这幢非对称的建筑物，由于将宿舍部分的造型在体形上造成正方形，而又高于其他部分的建筑物，所以这种被突出了的部位也就自然地成为整幢建筑的中心，当人的视线落在这一中心点上时，这幢非对称的建筑就给人一种均衡感。

不对称均衡的第二个规律叫杠杆平衡原理，"意思是指一个远离均衡中心、意义上较为次要的小物体，可以用靠近均衡中心、意义上较为重要的大物体来加以平衡，许多人已无意识地觉察到了这个杠杆平衡原理，这既是不规则式建筑物，又是许多不规则式装修的房间获得美观的窍门"。这一规律对于构成建筑不对称的均衡美十分有用，同时它也从技术上解说了不对称的建筑何以能达到均衡效果，何以使不对称的均衡具有美感的原因。

总之，均衡给建筑带来了魅力，它也就成为建筑美的表现规律。"规则式或不规则式均衡，可以算得上是建筑设计在艺术方面的基石，均衡给外观以魅力和统一。它促成安定，它防止不安和混乱，它是世界性伟大建筑名迹得到完美布局的基础。"

均衡除了对称与不对称两种形式外，还有一种更富魅力的形式——动态的均衡形式。这种形式在近现代建筑的整体构图中运用得较多，它是构成单体建筑空间性动态感的主要手段。这种均衡形式的特点，是在立面或整体构图上以曲线为主，建筑形象的轮廓往往或起伏有致，或螺旋式上升，从而使静态的建筑获得一种动势。又在这种动势中透出一种均衡的美。与静态的均衡相比,动态的均衡难度更大,技术要求与审美要求也更高,所以事物发展构成的辩证法也就回报给动态的均衡以更大的灵活性和更为多样、多彩的美的形态。从难度上而言,动态均衡的难度主要在于对"动"与"衡"关系的处理。一般来说,"动"是平衡的被打破,而"衡"则恰恰是运动中止的结果,这两种矛盾的形态要构成一个整体是有一定难度的。更何况建筑作为空间艺术,它的基本存在形态是静态,这无疑又使建筑造型在获得动态感时增加了难度。

然而,人的智慧是无坚不摧的,我们的祖先在古代建筑中就已从线、面的运动中获得了灵感,创造了曲线优美而动势强烈的飞檐。古罗马人则从最美的形体——圆的构成中得到启示,创造了静中蓄动的穹顶,在人类建筑史上实现了让建筑由静态向动态的飞跃。进入现代以后,随着新材料、新技术的问世,从动态的角度构想和创造建筑的动态均衡不仅是可能的,而且已成为建筑造型中经常被采用的形式。

古今中外,从各种具有动势的建筑造型看,建筑造型的动态均衡,主要由一种向上的倾向构成,这也许是由建筑本身就是一种由下而上的实体造成的。不管是以什么方式构成的动态外观,由于它们都有科学的依据,都有可以解说的规律和法则,所以从建筑立身的根本来看,它们仍是均衡的,也能给人一种崭新的美感。

动态均衡建筑造型美的魅力,主要在于它们的动态方面。人们常说生命在于运动,运动的生命是充满活力的、具有动态感而又均衡显著的建筑造型,它们的运动规则具有一种让人兴奋的美态。

二、对比与微比

对比与微比是建筑美的第二个表现规律,也是一个很重要的规律。亚里士多德在论述艺术形式时,经常谈到有机整体的概念。依他看来,形式上的有机整体是内容有机发展规律的反映。就建筑来说,它的内容主要指功能,建筑形式必然要反映功能的特点,而功能本身就包含差异性,这反映在建筑形式上也必然会呈现出显而易见的差异,而差异正是构成美的条件之一。

古希腊哲学家毕达哥拉斯曾经指出:"只有从参差相异的事物中才能产生和谐的美。"俗话说:"红花还需绿叶配。"这些都从理论与实践的角度启示我们,建筑形式美的实现,微比与对比是不可缺少的方法。

微比是指差异不明显的形状、色彩之间的比较,它往往是在各因素共性的基础上,通过细微的差异构成变化以求得和谐和美感,如华西里大教堂上圆形构件之间的比较就是这种情况。这种比较由于是于细微中显变化,于统一中现美感，所以经常被一些构图简洁划一的建筑采用。比如，许多简洁的意大利文艺复兴式府邸就常常通过微比达到令人神往的艺术效果和审美效果。意大利罗马的法尼斯府邸就是一例。其整个立面主要由直线和角线构成，但在大门上方则取曲线，第二层窗檐也有序地采用曲线，从而与整体上重复出现的规整窗户及立面上鲜明干净的直线构成一种微比，形成稍许的变化，既抹去了因规整形成的呆板，又使整个建筑于微比中获得一种更亲切、和美的统一性。

与微比相比，对比就显得激烈得多，其美感效应也要复杂、丰富得多。所谓对比，是指形体、线条、色彩等因素之间显著差异的比较。它往往通过相互的对立，在矛盾中构成统一，在否定中求得和谐。它往往以冲破平衡为自己存在的条件，也往往以不平衡来构成平衡。许多非对称的建筑在构件方面就常常采用对比的方式来求得平衡、和谐与统一。比如，美国著名的流水别墅，在外形上呈现出水平伸展，几个大部件在方向上纵横交错，构成方向上的对比；同时建筑物身上的色彩也构成强烈对比，黄色如金子闪亮，褐色则静穆肃然。正是在这些因素之间强烈的对立、不平衡中，构成一个和谐统一而又别致新颖的建筑物。

建筑对比的方法有多种多样，从形式方面来看，既有各部件之间体积大小、形体特殊的比较，也有色彩之间的比较；既有质地方面软熟、硬朗、光润、粗糙的比较，也有点、线、面的比较。从意境方面来看，有动与静的比较，虚与实的比较，豪放与含蓄的比较，开阔与封闭的比较，素朴淡雅与雍容华贵的比较，轻灵、飘逸与敦实、厚朴的比较，以及刚与柔、隐与显、壮美与优美等的比较。当建筑一旦在这些方面展开比较后，建筑的整体美就往往会获得一种水涨船高的审美效果；对比越明显，美感就越强，对比越多，美的意境就越丰富、越有意味。

三、变化与统一

变化与统一是建筑美的第三个表现规律，也是最富有意义，最能有效地体现建筑艺术内在生命力的规律。在这一规律中，变化是基础，统一则是变化的目标；变化赋予建筑生命和个性，统一则是建筑生命和个性存在的形式，是变化的结果。黑格尔曾经指出，世间一切事物，从物质到精神，都是以否定的方式向前发展的，"凡是始终都只是肯定的东西，就始终都没有生命。生命是向否定以及否定的痛苦前进的，只有通过消除对立和矛盾，生命才变成对它本身是肯定的"。"谁如果要求一切有生命的东西都是不带有对立的统一的那种，谁就是要求一切有生命的东西都不应存在。"对于建筑艺术来说，

当代美学视域下的当代建筑形式探索

否定的方式就是变化。变化对于建筑艺术的历史来说，是对已有规范的突破和一定程度的否定，如哥特式建筑对于古希腊、古罗马建筑规范的突破，现代派建筑对于古典建筑规范的突破，都是这种意义上的否定与变化。对于建筑本身的造型、构图来说，变化主要表现为各部件自身的个性，以及一个部件与另一个部件在造型、色彩等形式因素方面的区别和相互否定。所以，从变化的功能与价值来看，变化讲究的是多样性，而统一作为变化的目标与结果，讲究的是整体性，它要求建筑各部件的相互否定以及相互区别能够相容、相协，在否定与区别中又各自以对方为自己存在的条件和基础，从而形成某种共性的倾向与追求。

由此可见，变化与统一，在建筑的构图及形式美的形成过程中是一对矛盾的范畴。正是这对矛盾范畴的相互作用，一方面赋予建筑形式光彩照人的整体美，另一方面又形成建筑形式丰富多彩的浪漫格调，建筑美的活力也就在这种矛盾统一的运动中体现出来。这一对矛盾范畴也就成了建筑艺术的又一条规律。

（一）变化

变化对于建筑的形式来说，是绝对的、灵活的，因为它是建筑作为艺术获得自身个性最重要的手段。但是，变化又不是随心所欲的，只有要遵循一定的规范，建筑形式的变化才有活力，才能获得美。孔子所说的"从心所欲不逾矩"的道德律令，对于建筑的变化来说也同样适用，因为建筑本来就是一种社会现象，理应受到社会法则的制约。

建筑形式变化所遵循的规范主要包括两个方面，一方面是功能规范，另一个方面是艺术规范。两个规范犹如两道堤坝，既限制着建筑形式变化的范围及发展方向，又为建筑形式的变化提供了可顺利达到目的的保障，这正是两个规范的价值和意义之所在。

1. 功能规范

功能规范要求建筑形式的变化，必须适应建筑的物质功能与精神功能。就物质功能来说，建筑部件的体量、形状、尺寸以及建筑外观的形式，都必须采用与建筑物的基本使用目的相适应的形式。例如，工厂建筑外观就必须适应工厂建筑的使用目的，学校建筑必须适应学校建筑的使用目的，教堂、寺庙建筑也应选择与它们的使用目的相契合的外观造型。在这种前提下，建筑形式的变化才是健康的、能被人接受的。

如果将一幢住宅设计得像一个工厂，那么建筑外观的变化就难以被人接受，这种与物质功能规范相悖的形式变化也就难以顺利地达到自己的目标。

就精神功能来说，建筑形式的变化应根据所要表达的情感、思想的需要来进行。其基本要求是，形式的变化越能充分有效地表达情感、思想就越好。为了达到这一目的，建筑形式的变化应注意以下自身变化的四个效果。

（1）体积效果

巨大的尺寸及体积往往给人一种壮观的感觉，当发展到足够大的程度时，甚至会产生令人敬畏的效果，如北京故宫。而小巧的体积使人容易与之接近，能诱发一种亲切感，产生秀丽、温暖的效果。

（2）重量效果

沉重、稳定的重量，能给人一种力量，使人产生壮观的感觉，此类建筑的造型往往适于表达权力、庄严的情绪和永恒的思想。次要、适度的重量适于表达世俗求实的思想，而飘逸、轻巧的重量则适于表达浪漫情怀。

（3）线条和韵律效果

一般来说，水平线条使人联想到大海漫长的天际线、平静的水面、宽阔的平川，给人宁静感和松缓感。因此，水平线在建筑中数量的变化可以表达程度不同的宁静情绪；水平线条少，宁静情绪偏静；水平线条多次重复，则可使宁静情绪变为肃静，进而变为肃穆。与水平线相比，垂直线条则能突破宁静，产生进取、超越的效果，它适应表达追求的理想与情绪。曲线让人联想起伏的山峦、流淌的小溪、袅袅的炊烟，当它出现在建筑身上时则能有效地表达轻松、舒适、优雅、恬静的情绪。

（4）色彩效果

色彩具有强烈的情绪含义和文化意味。冷色让人安宁、肃静，暖色使人热情、兴奋、活泼。不同的色彩出现在建筑身上可以表达不同的情绪，甚至还可表达不同的文化意蕴，所以，在建筑形式的变化中，不能不注意色彩的规范。

2. 艺术规范

建筑形式的变化，除了要注意功能规范外，还要注意艺术规范。第一个艺术规范，是建筑形式的变化，必须获得与众不同的效果，必须有个性。个性是建筑作为艺术的立足之本，是建筑艺术生命之所在。有个性，才可能构成独特的风格；有个性，人类的艺术才会留下它的地位。当我们翻开人类的建筑发展史时可以发现，凡是在建筑史上占有一定地位的建筑艺术，莫不是个性鲜明的作品，而且越是知名度高的建筑杰作，越是与众不同，越是个性鲜明，如古罗马的万神庙，法国的巴黎圣母院、埃菲尔铁塔，澳大利亚的悉尼歌剧院，等等。鲜明的个性赋予这些建筑以生命，也为这些建筑带来名誉。

那么,建筑如何才能获得自己的个性呢? 这就需要变化,需要突破,需要否定,而这些变化、突破、否定又只有遵循一定的规范,才可达到目的,获得个性。

法国的朗香教堂已是法国孚日山区的标志之一,也是个性鲜明的建筑杰作。由于特殊的历史原因和文化原因,欧洲现代以前的教堂(包括神庙)都以巨大的体量、高耸的立面构成恢宏的气势,以显示神的崇高和人的渺小,如意大利的圣彼得大教堂、法国的巴黎圣母院等。这种造型形成了一个传统,也构成了在教堂类建筑方面的一种基本模式,而这种模式也使教堂类建筑获得独特个性的难度随着历史的发展越来越大,这也就是欧洲地区虽教堂遍地,而真正具有个性、让人过目难忘的教堂却并不多的原因。

1953 年,当法国的朗香教堂问世后,一下引起了世人的瞩目,其中的原因就在于它鲜明而独特的个性。它一反欧洲传统教堂的造型风格,以古怪的平面形状及组成西边两个神龛的光溜溜高耸的塔和体型特别大(相对这幢建筑的整体外观而言)的屋顶,使人们无法用言语来表达整个建筑的形体。传统的欧洲教堂以"大、壮"为主,而它则以小巧为主;传统的欧洲教堂以严整、规则为主,它则以"古怪"为主;传统的教堂威严、肃穆,它则显得亲切、宁静。它的造型完全突破了欧洲教堂的规范。与此同时,它又在造型的象征方面继承了欧洲教堂的特点,而且显得更为细致。由此可见,朗香教堂个性是在既大胆地反传统、突破传统造型模式的过程中,又在继承其文脉的过程中获得的。它获得个性的方法,恰恰与艺术发展的一条规律相吻合,这就是推陈出新,又叫继承与创新。它的成功启示我们,建筑艺术要获得个性,要使自身形式的变化具有艺术价值,就必须遵循继承与创新的艺术法则。

建筑形式变化应遵循的第二个艺术规范,是指组成建筑形象的各部件和各因素的结构方式、造型方式、使用方式应合比例,又有创意。建筑形式的变化主要体现在部件造型的安置上,点、线、面的使用上以及色彩的涂抹等的变化中,所以强调各部件、各因素的个性以及它们在使用中的创意对建筑形式的变化有着更直接的意义。

建筑的部件有多种多样,仅以房屋类建筑的部件来说,就有承重的部件(如墙体、立柱)、非承重的部件(如墙板、隔断物),还有门窗、阳台、遮阳板、壁柱、台阶、雨篷、檐口等。建筑的因素则主要包括色彩。建筑的部件由于各自功能的不同,在形体上也就互不相同,当它们构成建筑的整体形象后,它们既互相依存(如门与窗),又各有个性,这是显而易见的。这里所说的艺术规范要求这些部件合比例,就是指此而言的。这些部件在自身的变化中若不遵循这种比例,那么,它的变化将不仅不能出新意,相反还会因违反了规范而破坏整体构图的美感。

（二）统一

统一，从本质上讲，它是"变"的目标与落脚点。艺术如果只讲变而不讲统一，变就只能之如没头苍蝇一样乱撞一气。有了统一，变才有了意义，所谓"万变不离其宗"，说的就是这个道理。对于艺术来说，更是如此。"最伟大的艺术是把最繁杂的多样变成最高度的统一。"建筑艺术也是如此。建筑艺术的统一有自己的内容和方法。内容概括起来主要有以下两个方面。

1. 形体的统一

在建筑艺术中，最主要、最简单的是几何形状的统一。这是因为任何简单的、容易被认识的几何形状，都具有必然的统一感，如三棱体、正方体、球体、圆锥体和圆柱体，而属于这种形状的建筑物，自然就会具有在控制建筑外观的几何形状范围之内的统一。埃及金字塔四棱锥形体之所以有震撼人心的威力，并且不用费劲就能使人直觉地感到它的统一性，主要就是因为这个令人深信不疑的几何原理。古希腊的毕达哥拉斯学派曾认为，产生美的效果的形体是符合黄金分割的长方体和具有和谐感的圆球体。这就告诉我们，按照各种几何原理所构成的建筑物，不仅能最便捷地获得统一感，也能顺利地获得美感。在这一方面，古今中外的建筑杰作已形象地证明了这一点。当然，统一不等于同一，建筑造型统一性的获得并不是各种同一性状部件的恩赐，建筑造型统一的本质是变化的统一。古罗马斗兽场造型的统一性就是如此，墙面的弯曲性与八十个券洞的圆在体量上是变化的、不等的，券洞之间的柱式圆形排列在方向上又与券洞不一致，再加上券洞中上半部分的弧线与下半部分的直线对比，就不仅使整个立面的构图变得更丰富，而且使立面在变化中获得了统一性。

建筑的造型在变化中获得统一性主要有以下两种方法：一是通过次要部位对主要部位的从属关系来获得统一性；二是通过构成一座建筑物所有部位中细部和形状的协调来获得统一性。第一种方法是以从属关系求统一，本身又有几种类型。在某些建筑物中，如古罗马斗兽场，各部件的形状都从属于总体的一般形状——圆。归根到底，更为共同的原则和方法，是所有较小的部位，从属于某些较重要和占支配地位的部位，如从属于一个圆顶或一个亭楼。美国国会大厦就是这种方法的完美体现。

第二种方法是利用细部和形状的协调。假如一个建筑物所有的窗户在主要造型上是相同的，即窗户的高、宽比例相同，或者说它们给人的几何感受一样，那么它们之间将有一种完美的协调。如果细部，如窗檐的形状又按一定秩序变化，那么在这种协调与微变的构图中就可使人产生统一感。此外，如果门洞间的间隔相同，还可以产生一种更加强烈的统一感。许多简洁的意大利文艺复兴式府邸在建筑艺术方面是那么令人神往，其原因就在这里。事实上哥特式建筑细部和形状的协调也同样令人神往，如罗马的圣彼得大教堂，几乎综合运用了所有方法——形式相似的拱、小拱与大拱的协调、内部各容积与中央大圆顶容积的协调、尺寸的协调、线条的协调等，使得统一的效果达到了令人惊叹的地步。

2. 建筑色彩的统一

用色彩来实现统一，建筑艺术有着得天独厚的条件，因为有些建筑材料本身就是有天然色彩的，如汉白玉、大理石等。可见，色彩既是建筑造型中统一的内容，又是建筑造型中统一的重要手段。建筑色彩统一性的获得，既取决于色彩与建筑功能的协调，也取决于色彩自身包含的生理、心理、文化等因素。在与功能协调的前提下，建筑色彩的统一性主要表现在以下三个方面。

（1）色调的统一

这种统一是辩证的，既要有变化，不能呆板，又要有统一，不能散乱。色调的活力就体现在这种变化统一中。一般来说，统一色调的色彩出现在建筑物上，能自然地形成一种统一性，因为它给予人的生理感受是一致的。比如，暖色调的色彩（如红、黄等）往往给人暖意，冷色调的色彩（如青、白等）则往往令人生冷。所以许多著名的建筑物往往将同一色调的色彩汇于一身，但是色调一致的统一，并不是同一色调的色彩平分秋色的结果，更不是同样色彩的一统化，而往往是以一种色彩为主，其他的色彩为辅，这样同一色调的色彩才可能构成既有变化又有统一的美感。

（2）文化意味的统一

色彩是一种饱含文化内涵的东西，因此，建筑色彩除了需要色调、情绪统一外，还应在文化意味上达到统一。例如，绿色与黑色都是有生命含义的色彩，绿色代表活力，黑色代表生命的结束，这两种色彩的文化意味鲜明、对立。如果将它们涂抹于同一幢办公楼或幼儿园建筑上，这两种色彩就会因文化意味的不同而形成对立，既破坏色彩与功能的统一性，也破坏色彩自身的统一性，难以构成美的效果。

（3）色彩情绪的统一

色彩不仅能使人产生暖、冷之意，还能使人产生喜、怒、哀、乐等情绪，如暖色让人兴奋、激动，冷色让人宁静、恬淡。一幢建筑的色彩是否具有统一性，从人的情绪感受上就可直观地反映出来。天安门城楼红、黄搭配的色彩，令人产生一种激动与兴奋的情绪；中山陵的白色、绿色则给人一种肃穆之感，使人产生哀悼的情绪，而且这种情绪会一直延续，直到人离开这里。

因此这些建筑的色彩具有统一性。反之，那些让人哭笑不得的建筑色彩，则表示它们不具有统一性。

我们前面所述的统一，主要是针对建筑自身的造型、色彩等形式因素展开的论述，这些论述是不全面的。因为建筑的统一性规律不仅包括它自身各因素的统一，还包括建筑与它所处的环境的统一，它的美和它的艺术魅力就会更令人惊叹。

实际上，变化与统一作为建筑造型表现规律，它们常常是同时作用于建筑的，建筑的美姿、美态、美味，往往就是在变化与统一的规律的同时作用下形成的。古今中外许多成功的建筑就集中地体现了这种变化与统一的神采和魅力，我们如果具体地欣赏一座建筑杰作，对建筑的这种变化与统一的综合神采的感受也许会更深，如俄罗斯莫斯科红场上的华西里·柏拉仁内教堂，俗称华西里大教堂。这座建筑建于 1555 年，是为纪念俄国人最后战胜蒙古人，同时喀山汗国和阿斯特拉罕汗国并入俄罗斯而建的。这座教堂由九个墩式教堂组成，在外观上看，八个葱头形的穹顶围绕着中央一个高大的尖顶。八个葱头形穹顶在方向上是一致的，均直指苍穹，其基本体形也是一致的，以圆为主，但是在圆体的表面，却刻上了形态各异的纹理，有的以直条纹凸现在圆面上，有的以螺旋纹嵌在圆里面，有的似缀满小花点，有的刻满波浪线，再加上体积有大有小，尺寸有高有低，统一中有变化（但统而不死，变而不乱），变化中有统一（但变而有序，统而含序），旋转着，跳跃着，此起彼伏，宛如一簇簇火焰蹿向天空。

不仅如此，在中央的那个高大尖顶与周围八个葱头形穹顶之间，其部件也是既有变化，又相统一的。尖顶的构件，尖得峻峭，尖得开敞，尖得轻盈，尖得奔放，仿佛临空飘举；而圆的构件，则圆得均衡，圆得厚重，圆得壮丽，圆得充实，宛如彩龙盘柱。它们以自己变化多姿的造型，赋予华西里大教堂无限的情趣、满身的诗意。这些尖的、圆的形体，又在宽敞的平台和蓝天白云的背景下组合成了一个统一协调的整体，共同以向上的壮丽形态，显示了俄罗斯民族从外族奴役下解放后的欢乐、兴奋的情绪。

四、节奏与韵律

节奏与韵律也是建筑美的表现规律之一。建筑美的这一规律，不仅表明了建筑艺术特有的审美意味，也在形式美的层次上表明了建筑艺术与音乐艺术千丝万缕的联系。

曾经有一个美丽的传说，这样描述过建筑艺术的起源：古希腊音乐的发

31

明者俄尔普斯原是酒神狄俄尼索斯的崇拜者,他凭音乐的魔力使鸟、兽、木、石都着了魔,并跟着他走到了一个广场上,在音乐美妙的旋律中,这个广场渐渐变成了一个繁荣、热闹、充满生机的市镇。当他的最后一支曲子演奏完后,那本是高亢、悠扬地飘荡于空中的旋律和起伏变化的节奏却凝住不散,如鸟一样降落在地上,在灿烂的阳光下化成了那座热闹、繁荣市镇形形色色的建筑物。人类以其智慧和天才的想象力,为我们构制了一幅多么神奇、隽永的建筑艺术诞生图!这种以感性为直接认知手段所描述的图画,却在理性的层次上,向我们昭示了一个确凿的艺术事实,那就是作为视觉造型艺术的建筑与作为人类听觉和想象的艺术花朵的音乐有着千丝万缕的联系。这种联系,在哲学家那里则被抽象为一个明快而又意味深长的判断:建筑是凝固的音乐。音乐凝固成建筑的主要因素就是节奏与韵律。建筑正是通过这两个形式美的因素找到了与音乐对话的课题,建起了相互沟通的桥梁,而时间性的音乐艺术,也正是通过节奏和韵律与空间性的建筑艺术携起手来,共同走向美的世界,一面塑造自己,一面将美的光辉洒向人间。正因为如此,19世纪德国杰出的音乐家姆尼兹·豪普特曼明确指出:"音乐是流动的建筑。"

建筑的节奏,指的是建筑形式要素的有规律的重复,而这些形式要素在形状、尺寸方面又基本相同或相近。比如,中国万里长城上的垛口,在厚实墙体的顶端一线排列,宛如大海的波涛有规律地重复出现,构成一种虚—实—虚—实的节奏,给人一种类似进行曲的起伏有序、变化规整的强弱感。建筑的韵律则是建筑形式要素有秩序的变化,这些形式要素在形状上大致相同或相近,而在尺寸上则有一定的区别。

对于建筑艺术来说,最活跃的变化因素就是节奏和韵律,最吸引人注意的内容也是节奏和韵律。面对具有丰富韵律感和鲜明节奏感的建筑,即使是建筑学上的门外汉,即使是对建筑的美学规律知之甚少的人,也能感受到它们美的魅力,因为节奏与韵律是生活中俯拾即是的事实。心跳、呼吸以及许多其他生理的功能(包括那些伟大感情上的能力)都是自然界中强烈的韵律现象。而就建筑来看,一个建筑物的大部分效果,就依靠这些韵律关系(如形状的变化、尺寸的变化、色彩的变化、空间的变化)的协调性、简洁性以及威力感来取得。建筑往往以节奏和韵律的变化表现自己对形式美的追求,以可视的、富有动感与韵味的外部形体和内部空间形式,凝聚建筑内在的精神含义,显示自己的审美价值,给人赏心悦目的美的享受和情深意长的启示。

节奏和韵律虽然同为建筑形式中极富变化的构图因素,但两者的技术效应与审美功能却是有差异的,这种差异主要表现在变化的方式与变化所形成的意境方面。就变化的方式来看,节奏变化的基本特征是重复,它往往以同样规格的图形反复出现在建筑的立面上。

在技术上，节奏讲究"同一的效应"。从审美功能来看，节奏的这种变化形式由于较单纯，使人能很容易把握和领会它变化的规律，从而形成一种直接的审美效果，而且这种重复所形成的规律和格局由于十分均衡，易于界定，合乎理性的秩序与特点，它的审美意境往往就具有规则性，给人一种庄重感。比如，古罗马斗兽场外观上券拱有序、连续、重复的排列，古希腊帕特农神庙优美、圆润的柱子的规整排列，中世纪欧洲教堂尖拱和垂直线的有序重复，都以合律的格局、重复的节奏显出一种规则性、严整性，使人面对这种节奏形式不能不油然而生出一种庄重感。建筑节奏的这种审美意境与音乐也有相似之处，特别是它们那种规则式的重复所透示出的雄浑、理性、庄重的韵律，在欧洲古典音乐中可谓比比皆是。欧洲古典音乐形式的交响乐、奏鸣曲等，就往往在短句或主题方面一再重复，从而使乐曲在总体效果上形成一种庄重感，而不是捉摸不定的排列组合。

与节奏相比，韵律则是另一种情况。由于它的变化不具有同一的特征，它的技术效应更讲究对比性与排列组合的整体性。我国历代的宝塔建筑就是如此，它们在整体上是由下至上逐层收分，各构件虽在形体上大致相似，但尺寸上却有大小的变化，人们在观赏它们时，往往只有从整体上审视并从上下形状的对比中，才能有效地发挥其变化的韵律。韵律变化的这种整体性与对比性的特点，使人们在审视建筑物时只能从感性出发，直接欣赏，很难从局部变化或局部构图的格局来推及全体的基本格局和变化秩序。所以，在审美效应上，韵律构造的审美意境往往不是规则的，而是多样的。有时它可以构成如音乐一样由强到弱的意境，辽远、深邃，有时又可构成如音乐一样由弱到强的意境，高昂、激扬；有时它可如音乐一样浅吟低唱，有时也可如音乐一样悠扬开朗。它就这样以自己抑扬顿挫的变化，给人五彩纷呈的美感和层次分明的情调。

正因为韵律有着更为鲜明的活力，所以，古今中外的众多杰出的建筑往往以韵律的变化来构造自己的形象。当建筑的形象一旦具有了韵律感之后，不仅使美感显得多彩生动，而且往往给人丰富的想象。

作为建筑形式的变化因素，节奏与韵律虽然有不同的技术效应和审美效果，但是由于它们都是建筑美的组成因素，也是使建筑艺术获得美感的手段，所以在建筑的造型中，它们又是常常被建筑师同时使用的。一般说来，一幢建筑外观的形式变化，往往是节奏与韵律共同协作的结果。当它们同时出现在建筑中时，就构成了建筑外观的条理性、重复性、连续性而又多样性的韵律美，使建筑外观的变化更丰富，美感也更鲜明、强烈。

按照建筑节奏与韵律变化的不同形态，建筑师们将其分为四种类型，这四种类型的变化形态不同，因而所产生的审美效果也各有千秋。

（一）连续的节律形态

连续的节律形态，往往以一个形式要素，如阳台、窗、柱，连续重复地排列，构成变化有致的立面形象。欣赏这种构图的立面形象，就有如听一支悠扬美妙的小夜曲，轻松舒坦。目前，我国的住宅类建筑的立面构图大多如此，这种构图所形成的韵律感与住宅建筑所追求的气氛、情调是较为吻合的，它使人从忙碌的工作或奔波的环境中解脱后，走近住宅时，立即有一种轻松感。

（二）起伏的节律形态

起伏的节律形态，常常将立面上具有起伏特征的形式要素连续排列，构成动荡而又紧凑的形体（如波纹瓦组成的檐口），如同进行曲的节奏和韵律一样畅快有力，让人兴奋。此类节律常用于公共建筑，它既可调节公共场所的气氛，又可使建筑的特征明显。比如，意大利罗马新火车站的候车大厅采用排列成行的龙骨形钢盘混凝土结构，龙骨的弯曲形状本身就构成了一种动荡的韵律感，而建筑师们又别出心裁，将天花板处理成明暗相间的带形图案，使整幢建筑起伏的韵律犹如波涛一样更鲜明、更具有质感。

（三）交错的节律形态

交错的节律形态，往往让一种或一种以上的形式要素相互交织或穿插，如立面上相邻近的层次交错开窗，或同意构件交错布置，从而构成错落有致、虚实相生的意境。这种意境宛如抒情二重唱，配合默契，相互映衬，引发动人的情思，唤起人的美感。

（四）渐变的节律形态

渐变的节律形态，往往按一定秩序组织微差变化的形式要素，构成层次分明、节律明朗、稳定而流畅的变化秩序，让美的韵味从逐渐变化的形式中焕发出来，有如大提琴上奏出抒情曲，饱满浑厚，倾诉心中的情思或遥远的记忆。

在建筑艺术中，除了由形状重复与变化所构成的节奏与韵律外，另一种极为重要的韵律是线条的韵律。

线条作为构成视觉艺术最重要的要素之一，它的作用与美的韵味早就受到古希腊哲学家与美学家的高度重视，他们不止一次地强调线条的审美价值。进入 20 世纪，当形式主义美学大盛的时候，线条在各门视觉艺术中更是被提到了十分重要的地位，人们之所以如此重视线条的价值，当然是因为它自身就是美的对象，又是构成一定的节奏和韵律的因素。对于建筑艺术来说也是如此。建筑立面上和内部空间中的线条与外墙上的直线、曲线等或简洁明快，或优雅婀娜，本身就让人感到美。而且它们一旦按一定的次序排列或变化，构成一定的节奏和韵律之后，它们的美将更为动人、更为丰富。

建筑形式中最活跃的因素可以说是节奏与韵律了，它们固然以变化或运动为自己的特点，然而它们的运动、变化又无一不是在建筑整体的统领下进行的。它们在显示自己多姿多彩美的构图和艺术活力的时候，又无时不以建筑的整体情调为宗旨，而建筑节奏与韵律的生命和价值也不仅仅在于它们自身所具有的审美特性，更在于它们有力地强化、丰富了建筑艺术构图的和谐与统一。从建筑形式美的艺术规律看，正是这种既变化又统一的品格，形成了建筑艺术的外部风采与审美价值。至于色彩的韵律，其在基本规律方面与形状的韵律、线条的韵律大致相似。

第三节　如何欣赏建筑的美

建筑美价值的存在，在于人们对它的欣赏；建筑美价值的发现，在于人们的审美批评。因此，建筑美的欣赏，是建筑美学一个十分重要的内容。它不仅关系到人们对建筑美的把握与发掘，而且关系着对建筑美的创造。就对建筑美的把握来看，只有掌握了欣赏建筑美的一般规律和特点，才可能有效而合理地发现建筑的美，欣赏建筑美的神采，也才可能对建筑的美做出合规律的审美批评，对它的好与坏、美与丑做出科学的估计。否则，不懂欣赏的规律，就有可能闹出"盲人摸象"的笑话。就对建筑美的创造来看，如果掌握了建筑美欣赏的规则，就可以更好地根据欣赏的规则构造建筑形体，恰到好处地运用色彩，合理地进行室内空间的处理。

建筑美的欣赏主要是对建筑美的一种感性把握，它的主观性较强；建筑美的批评则是在欣赏的基础上，根据一定的标准，将对建筑美的感性认识上升到一定理性认识的层次所得出的判断，它具有一定的客观性。

对建筑美的欣赏者来说，了解了对建筑进行审美的特点及审美者自身艺术修养的重要性之后，还应了解如何操作审美过程的技巧。这正如从事文学创作或艺术创作的人，在学了文学创作或艺术创作的原理之后，还应掌握如何运用原理进行创作的技巧一样。

就建筑艺术活动的一般规律来说，建筑艺术的创造与对建筑艺术的欣赏，是一个逆反运动的过程。从目的来看，建筑师创作建筑物，目的是把以观念的形式存在于自己头脑中的建筑构图及思想、情感等因素，变成具体、现实的建筑形象；而审美者对建筑艺术欣赏的目的，则是要通过对具体、现实的建筑形象的审视，把握建筑师创作建筑形象的艺术意图，以及建筑师所要表达的思想意识和情感内容。很显然，两者的目的呈逆反形态。

从过程来看，建筑师创作建筑艺术的过程，是从观念存在到现实存在的过程，是一个精神转变为物质的过程；而审美者欣赏建筑艺术，则是从客观存在的物质实体——建筑出发，通过艺术品评和分析得到美的享受、善的启示，收获精神食粮的过程。建筑艺术活动的这种逆反特点告诉我们，正因为对建筑艺术的审美欣赏过程与建筑艺术的创作过程是悖反的，所以，当我们将审美的触角伸展的时候，就不能依照建筑艺术创作的过程而行进，只能按照审美欣赏的发展过程来操作，即不是从观念出发，用自己的思维模式、审美趣味、情感因素来硬套建筑艺术的形象，而是应从建筑艺术的具体形象、色彩语言和点、线、面等形式因素出发，依据建筑形式的特点，一步步地由具体到抽象，由感性把握到理性认识，由建筑的形式等外在因素深入到建筑的精神内容中。严格地遵循这一过程进行操作，是有效地欣赏建筑艺术美的根本技巧或总技巧。在这个总技巧下，我们再运用具体的技巧，就可以顺利地对建筑进行欣赏了。这些具体的技巧主要有以下三种。

一、注意建筑与周围环境的关系

建筑与周围环境的关系是一个重要课题，一般来说，优秀、杰出的建筑往往与周围的自然环境、社会环境配合得很好，如澳大利亚的悉尼歌剧院、美国的国家美术馆等都是这方面的代表。美籍华裔建筑大师贝聿铭先生曾说："一座好的建筑物应该能适应周围环境，它不是力求在那里表现自己，而是应该去改善、美化和丰富周围环境，这是设计一座建筑最起码的要求。"中国人从春秋战国时期开始，就认识到建筑环境氛围的重要性，提出了"借景""添景不碍景"等诗意盎然的建筑美学命题。

我们在对建筑进行欣赏的时候，应特别注意建筑与周围环境的关系。如果从这一角度来欣赏建筑的美，我们不仅可以获得丰富的审美观感，而且可以更好地理解建筑作为装扮大地的特有美学品格。有的建筑，当我们将其孤立起来进行欣赏时，它的美本身就力透时空，如果进一步将它的造型风格与周围的环境联系起来，发现它与环境几乎融为一体，这时我们所获得的审美观感就会更充分，如澳大利亚的悉尼歌剧院、美国的国家美术馆、中国的十三陵等。相反，有的建筑就它们自身的形体风格来看，是相当不错的，但当我们从建筑与环境关系的角度来审视、评价它们时，就会发现它们存在的一些问题，这样我们评价一座建筑时，也就可以评价得更全面、更恰当一些。比如，美国纽约的著名建筑古根汉姆美术馆整体造型新颖别致，室内空间有机统一，极富整体感与动态感，但是当我们将其造型风格与其所处的环境联系起来考察时，就会发现其不足。

当然，对建筑的欣赏，人们往往是以"完型"，即整体方式同时展开的，特别是在欣赏阶段，知觉和整体性更是占主导。人们不会在面对一座建筑时，首先要想一想我应用什么具体方法来欣赏，而是通过视觉所能达到的境界，直观地来判断建筑美与不美。此时人们主要是感知，即感性认识，还难以进入批评的层次。我们所理解的怎样欣赏建筑美的一些具体方法，此时往往是处在不自觉的阶段。人们主要是根据自己的生活经验和审美经验，不自觉地运用了一定的审美方式，而且我们所理出的那些具体方法，在人们的欣赏阶段也是综合性地起着作用。而当人们从欣赏的兴奋或失望中沉静下来，对自己兴奋或失望的审美观感进行反省，问为什么的时候，这时人们也就进入了批评的层次，即从感性认识阶段进入理性认识阶段。此时我们所理出的对建筑进行审美的总体技巧和几个具体技巧的方法，就可以被审美者具体运用了。这时候，审美者也许综合地使用那些方法，也许仅仅使用某些方法，但不管怎样，只要能正确地使用那些方法，一般是可以对建筑的美或不美、成功或不成功、有价值或价值不大等说出一定道理的。因为我们所理出的那些方法，与建筑艺术的一般艺术规律、特点、功能等是一致的，它们不过是建筑艺术本质的展开形式。

二、把握建筑形体的象征与隐喻

建筑往往会表达某种观念、情感，而我们对其观念与情感内容的把握和分析又不能从主观出发，只能从审美客体——建筑自身出发，这就要求我们掌握阅读建筑语言的技巧，这个技巧就是将其形体构成的方式抓住，然后就可一步步地读懂建筑形体中象征与隐喻的思想和情感，特别是对古代建筑。要看出建筑形体的象征和隐喻意味，可从四个方面入手。

（一）色彩的象征与隐喻

色彩是建筑语言中十分活跃的因素，它往往能神奇地表现出某种观念、情感。所以，抓住色彩的特点，往往可以较为顺利地破译建筑所要表达的意味。在外国的很多建筑中，我们也可通过色彩语言的象征意味来把握其所要表达的思想和情感。比如，很多教堂就用缤纷的色彩象征天国的富丽美好，表达了一种神圣、美妙的宗教意识。在现代建筑中也是如此。比如，美国密西西比河边的杰弗逊国家扩张纪念碑，就用晶莹闪亮的不锈钢的纯净的白色，象征着这位美国第三任总统纯洁、高尚的一生。我们如果认真地品味建筑所使用的色彩，就可以从另一角度把握建筑所表达的思想意识和各种情感。

（二）数的象征与隐喻

数是建筑的一种神奇的语言，在建筑中具有神奇的功能。没有情感的数，经过人工的处理，却可以在建筑中象征某种教义，隐喻某种深奥的观念与道理，表达某种微妙的感情。数在建筑中的作用是非凡的，极为丰富、极有韵味的，所以我们在对建筑进行审美欣赏时，就不能不抓住数的"幽灵"。抓住了它，可以引出十分精彩的内容，也可以使审美意识深化；放过了它，我们不仅会减少探索建筑美的意蕴的一条重要途径，也会使我们的审美收获失去许多沉甸甸的内容。当然，由于数的象征与隐喻意味十分曲折，我们在观赏时就要特别留心，不可凭自己的主观想象随意附会，否则不仅达不到审美欣赏的目的，还会破坏我们已获得的美感，阻滞我们进一步对建筑进行审美欣赏。

（三）物件的象征与隐喻

从物件入手对建筑进行审美欣赏，往往是在对建筑整体形象的欣赏进行到一定程度之后。它的意义和作用，主要在于丰富已获得的审美观感。当然也不排除首先从物件展开审美的方法，"条条道路通罗马"，各种方法都可达到审美的目的，更何况从整体到具体，或从具体到整体，本来就是人认识事物的两种方法，对建筑进行欣赏，当然也可自由选择其中的任何一种方法。采用这种方法，要首先对物件的造型特点、方式进行了解，并通过自己的想象来看它们是什么或像什么，同时从形式美的角度审视其造型特点等。在此基础上，再来破译这些具体物件的象征与隐喻意义。

当人们对一座建筑的具体物件有了较透彻的了解后，再来审视建筑整体造型、发掘形体语言的象征与隐喻意义就有了一定的基础。更何况建筑具体物件的意味总是与建筑整体造型的意味有一定联系的，如果已掌握了具体物件的意味，有时就可以直接推导出整个建筑造型的意味。

如果我们对巴黎圣母院正立面上那个巨大的玫瑰窗的意味有一定的理解，知道它是"傻子的圣经"，隐喻弃绝尘寰、向往天堂的宗教情绪，那么我们再看巴黎圣母院的整体造型时，就可以很容易地把握它所隐喻的宗教情绪，甚至可根据"傻子的圣经"推论出整个建筑所表现的深邃的宗教主题。

当然，从具体物件的意味来推论整座建筑的意味，这要根据具体情况而定。有时建筑的具体物件所象征、隐喻的意味与建筑整体的意味联系紧密或基本一致（如巴黎圣母院的玫瑰窗与整个建筑），我们当然可以很顺利地从具体物件的意味来发现整个建筑所包含的意义。

有时一座建筑并不仅仅表达一种情绪，象征、隐喻一种观念，它的具体物件，甚至是重要物件往往就难以包括整个建筑象征、隐喻的各种意味，此时我们就不能以直线逻辑的形式，从具体推论整体。比如，南京的中山陵既蕴含着警钟长鸣的意味，又洋溢着深沉悼念的情绪。此时我们就很难从石阶、屋顶等具体物件所拥有的具体意味，来推断整座陵寝所蕴含的全部思想内容。对于建筑来说，越是复杂的建筑，象征、隐喻的思想、情感内容就越多，面对这些复杂的建筑，特别是建筑群（如故宫、凡尔赛宫以及园林），我们在从具体物件入手进行审美欣赏时，就应特别注意对具体物件意义与整体建筑整体意义的理解。

（四）构图的象征与隐喻

通过建筑的构图来把握建筑形体的意义，可根据不同的对象分别从单体和群体着手。对于单体建筑，我们看其顶部的构成方式、立面的构成方式和台基的构成方式，这些方面的构成方式往往会直接表明它的象征意味。比如，北京天坛的祈年殿就是由屋顶、墙体、台基几个"圆"顺次构成的。这种"圆"的图形，其韵味是象征和隐喻"天圆"，表达的是中国人当时的一种宇宙观。对于群体建筑，我们则抓住序列组合的方式，再看组合的构图。比如，北京故宫的各主要建筑，如正阳门、太和殿、保和殿，包括天安门城楼，均以严谨、稳重为特征，在整个建筑群中，它们处于中轴线上，显现出一种"安"态。以中轴线上的建筑为主体，两边又有序地排列着大大小小几百座建筑，这些建筑以自己较小的形体烘托着太和殿等中轴线上的主体建筑，在主体建筑的统领下协调统一，呈现出一种"和"态。当我们把握了这一庞大建筑集群的系列组合方式后，也就可以领悟其"安"与"和"统一的象征意义。它们表达了一种天下太平、和睦美满的理想。

在中国现代的建筑中，构图的象征与隐喻性也同样得到了充分的表现。比如，2008年北京奥运会的主场馆"鸟巢"，即国家体育场，就是这方面的杰出代表。整个体育场结构的组件相互支撑，形成网格状的构架，外观看上去就仿若树枝织成的鸟巢，这种构图不仅从技术的角度讲为2008年奥运会树立了一座独特的历史性、标志性建筑，在世界建筑发展史上也具有开创性意义，而且具有温馨、美好的象征与隐喻性。"鸟巢"在词语的意义上是指鸟的家，是鸟相亲相爱的场所，是鸟孕育新生命的地方。用这样一个构图作为 2008 年北京奥运会的主场馆，它在象征与隐喻的意义上是指和谐之地、爱之地。正如有人曾经形容的一样，2008 年北京奥运会的主场馆是一个用树枝般的钢网把一个可容纳 10 万人的体育场编织成的一个温馨鸟巢，是用来孕育与呵护生命的摇篮。

三、比较建筑造型与形式美的规律

建筑的造型是各种各样的，有的对称、规范、严谨，有的似乎七歪八扭，还有的看上去奇奇怪怪。这些都没有关系，因为正是这些不同的造型才形成了建筑系列中丰富多彩的风格。比如，我国北京的天安门城楼就是对称、规范、严谨的，法国的朗香教堂就是奇奇怪怪的，澳大利亚的悉尼歌剧院就是七歪八扭的。面对这些造型不同的建筑物，我们先要看它的几何形体，然后再看这些形体是由哪些构件和因素组成的，这些物件之间的联结方式是怎样的。了解了这些之后，我们就可以动用所掌握的建筑艺术美的规律来衡量了。只要它符合这些规律，如变化、统一，微比、对比，和谐、均衡，我们就可以判断这座建筑是美的。反之，则不美，无论这座建筑造型奇怪还是不奇怪，是高大、峻峭，还是矮小、窄长。

一般来说，符合形式美的规律的建筑都是美的。如此，我们也就可以对面前的建筑不至于手足无措，只知点头或摆头。在这个前提下，如果要进一步判断它的艺术价值（此时不要管物质功能，只着眼其艺术），就要看看与同类建筑相比，它有无个性。它的造型如果与众不同（如悉尼歌剧院等），很新颖，在同类建筑中一眼就可发现，那么它的艺术价值就高。反之，一座建筑虽符合形式美的规律，但缺乏个性，艺术价值就低。这也就是人们对一些照搬已有建筑模式的建筑物难以记住它的名称，对它提不起兴趣的原因。艺术的不可重复性就在于它有个性，而个性是艺术的生命，有生命的建筑物一定有个性，有个性往往是不会违背一般形式美的原则的，因为遵循形式美的规律是建筑获得个性的条件。懂得了这个道理，我们评价一座建筑时就不会出现难以自圆其说的情况。

第三章　中西方建筑的美学比较

　　建筑的本质是一种由人创造的、凝聚了人所创造的物质内容和精神内容的实体。这种实体不是一种自然的生成物，而是社会的产品；不是一种由自然恩赐的物质，而是一种由人的智慧创造的文化。由于中西方在历史渊源、风俗习惯、心理结构、伦理观念、思维方式、价值取向等方面存在不同，所以中西方呈现出不同的建筑文化。

第一节　中西方建筑形式比较

一、建筑的形式

　　对于形式的理解，可以开始于对"形"和"式"的定义。"形"是指客观的记录与反应，是物质的、物化的、实在的、静态的。"式"有式样、格式、榜样、模范、法式、规格的含义。在《汉语大词典》中，形式被定义为某物的样子和构造，区别于该物构成的材料。然而，"形式"一词在不同的学科领域内有着不同的解释，在艺术理论学界，切入点和侧重点不同，往往会对同一概念产生截然不同的阐释。在美学领域，波兰美学家塔达基维奇认为，形式一词至少包含外在表现、轮廓形状、实体存在的形式等在内的五种不同的含义。在艺术设计领域，"形式"则用来说明某一整体中的各要素或各个组成部分的排列和协调的组织手法，即一件作品的外形结构，最终有利于形成条理明晰的形象。

　　在建筑艺术领域，形式一般包括形状、尺寸、色彩、质感、位置、方位、视觉惯性等多重含义。

　　形状是形式的主要可辨认特征；形状是一种形式的表面和外轮廓的特定造型。

　　尺寸是形式的实际量度，是它的长、宽和深；这些量度确定形式的比例；它的尺度则是由它的尺寸与周围其他形式的关系所决定的。

　　色彩是形式表面的色相、明度和色调彩度；色彩是与周围环境区别最清楚的一个属性。它也影响形式的视觉重量。

质感是形式的表面特征；质感影响形式表面的触感和反射光线的特性。

位置是形式与它的环境或视域有关的位置。

方位是形式与地面、指南针的方向和人观察形式的地位有关的位置。

视觉惯性是一个形式的集中程度和稳定的程度；形式的视觉惯性，是由它的几何形式及它与地面和我们视线的相对关系所决定的。形式的这些视觉属性，实际上都受到我们观察它们时所处的条件的影响，如透视视觉或角度、形体间的距离、光照条件、围绕形体的视野范围等。

二、中西方建筑形式风格比较

（一）建筑外形风格

1. 中国建筑风格

就总体风格来看，中国建筑的风格主要有两个特点：一是和谐化与伦理化统一，二是诗化与自然化一致。这两种风格既较为稳固地表现在某类建筑上，又常常综合地体现在某些建筑之中。

和谐化与伦理化统一的风格，主要集中于房屋类建筑与墙类建筑上，如北方的四合院建筑、宫殿建筑，以及陵寝类建筑。这些建筑无论在单体造型还是在群体组合方面，都讲究对称，中心突出，层次清楚，形体、色彩符合既定规则，从而营造出一种和谐统一的建筑气氛，并通过这种气氛表明"三纲五常"的伦理规范。

诗化与自然化的风格，则主要体现于园林建筑中。园林建筑是中国建筑的又一种主要形式，它集中地体现了中国这个诗的大国的人们丰富的想象力和独特的思维方式。它的造型，可以说就是用木石写成的立体诗。诗化，即将诗画的情趣、意境的含蓄融入园林建造中，这两者构造了中国园林美的最为核心和最为重要的部分。中国园林作为一门综合艺术，结合了"诗、书、画"三者的艺术特点。诗情，园林既要具有诗文的结构，又要像诗歌一样能够传递情感。画意，中国园林以画入园，因画成景，园林景观的塑造要具有山水画的写意和空间布局。中国园林除了园林布局吸收中国画的三远法和四可论布局特点，在叠石方面亦吸收了中国山水画中对自然山石的归纳和提炼的皴法处理。中国人的含蓄委婉气质同样影响了中国园林的审美情趣。古人常言"外师造化，中得心源"。对于园林的意境美要通过人对园林意象和情感结合来体会，"只可意会，不可言传"。中国园林意境塑造讲究的是虚、是空白，象外之境。"唯道集虚"意境的传递更多借助园林的言外言、象外象、意外意。因此，欣赏中国园林的美需要做到言、象、意、情四者的结合与统一。

中国的园林在追求诗化的同时，也追求自然化。这种自然化的突出表现，就是园内的景观尽可能保持其自然景观的风貌。山水与植物花鸟皆模拟自然景观，追求"虽由人作，宛自天开"的自然化的真意、真景、实感。

当然，中国传统建筑的这两种主要风格并非是隔离的，它们有时又综合地表现于某类建筑中。比如，在房屋类的建筑中，从基本风格来讲，其追求的是和谐化与伦理化的统一，但诗化与浪漫主义的情怀，又常常通过某些主要部件透露出来。最有代表性、最能说明这一特点的部件是大屋顶。大屋顶或飞腾、或伸展、或圆润的造型，生动淋漓地表露了诗的香色、浪漫主义的情怀。至于中国的园林也是一样，其基本格调是诗化、自然化、浪漫主义的，但园林中的众多楼台亭阁，又常常或方或圆，或对称或不对称地表现一种和谐、规范之美。

2.西方建筑风格

（1）古希腊建筑风格

古希腊建筑风格的特点主要是和谐、完美、崇高。而古希腊的神庙建筑则是这些风格特点的集中体现者。

在古希腊神庙建筑中，一般以柱式为构图原则。古希腊的柱式不仅仅是一种建筑部件的形式，而且更准确地说，它是一种建筑规范和风格。古希腊最典型的柱式主要有两种，即陶立克柱式和爱奥尼克柱式。这些柱式，不仅外在形体直观地显示出和谐、完美、崇高的风格，而且其比例、规范无不显出和谐与完美的风格。陶立克柱式的柱头是简单而刚挺的倒立圆锥台，柱身凹槽相交成锋利的棱角，柱子的收分和卷杀十分明显，力透着男性体态的刚劲雄健。爱奥尼克柱式的外在形体修长、端丽，柱头带两个满卷，尽展女性体态的清秀柔和。这些柱式的外在形体的风格都以人为尺度，以人体美为其风格的根本依据，它们的造型可以说是人的风度、形态、容貌、举止美的艺术显现，而它们的比例与规范则可以说是人体比例、结构规律的形象体现。

（2）古罗马建筑风格

古罗马的建筑艺术是对古希腊建筑艺术的继承和发展。如果说古希腊人崇拜人是通过崇拜神来体现的话，那么古罗马人对人的崇拜则更倾向于通过对世俗的、现实的人的崇拜直接表现，所表现的人的意识也已从群体转向个体。古罗马的建筑不仅借助更为先进的技术手段，发展了古希腊建筑艺术的辉煌成就，而且把古希腊建筑艺术风格的和谐、完美、崇高的特点，在新的社会、文化背景下，从神殿转入世俗，赋予了它崭新的美学趣味和相应的形式特点。

古罗马的建筑既继承了古希腊建筑的造型风格,又革新、发展了它。比如,古罗马斗兽场的立面,特别是高四层的外部立面,就是古希腊柱式构图的复写。但是,古希腊的这些柱式,在古罗马的这座杰作中已不再像在古希腊建筑中那样起结构作用,它已蜕变成了一种单纯的装饰,真正起结构作用的部件是隐藏于墙壁之中的结构体。在屋顶造型方面,古罗马人更是极大地革新了古希腊建筑的造型方式,将古希腊惯用的梁柱结构,代之以一种更为有效的拱券支撑方法,从而在屋顶造型方面出现了在古希腊建筑中很难见到的弯拱屋顶。正是这种弯拱屋顶,成了古罗马建筑,特别是其房屋类建筑与古希腊建筑最明显的区别。

(3)拜占庭建筑风格

从历史发展的角度来看,拜占庭建筑是在继承古罗马建筑文化的基础上发展起来的,同时由于地理关系,它又汲取了波斯、两河流域、叙利亚等文化,形成了自己的建筑风格,并对后来的俄罗斯的教堂建筑、伊斯兰教的清真寺建筑产生了积极的影响。

拜占庭建筑的特点主要有四个。第一个特点是屋顶造型普遍使用弯隆顶。这一特点显然是受古罗马建筑风格影响的结果。但与古罗马建筑相比,拜占庭建筑在使用弯隆顶方面要比古罗马建筑普遍得多,几乎所有的公共建筑或宗教性建筑都用弯隆顶,而古罗马建筑虽也有此类形式,如万神庙,但并不普遍。第二个特点是整体造型中心突出。在一般的拜占庭建筑中,建筑构图的中心往往十分突出,那体量既高又大的圆弯顶,往往成为整座建筑的构图中心,围绕这一中心部件,周围又常常有序地设置一些与之协调的小部件。第三个特点是创造了把穹顶支承在独立方柱上的结构方法和与之相应的集中式建筑型制。其典型做法是在方形平面的四边发券,在四个券之间砌筑以对角线为直径的穹顶,仿佛一个完整的弯顶在四边被发券切割而成,它的重量完全由四个券承担,从而使内部空间获得了极大的自由。第四个特点是在色彩的使用上,既注意变化,又注意统一,使建筑内部空间与外部立面显得灿烂夺目。在这一方面,拜占庭建筑极大地丰富了建筑的语言,也极大地提高了建筑表情达意、构造艺术意境的能力。

(4)哥特式建筑风格

在哥特建筑中,最有影响的是教堂建筑。这与中世纪占统治地位的宗教意识,特别是基督教意识有关。与此同时,它也与当时较为发达的技术水平有关。因此,这两个方面的影响,也就内在地决定了哥特式建筑的一般风格特点。

哥特式建筑的总体风格特点是空灵、纤瘦、高耸、尖峭。它们直接反映了中世纪新的结构技术和浓厚的宗教意识。

哥特式建筑，特别是教堂建筑，外观的基本特征是高而直，其典型构图是一对高耸的尖塔，中间夹着中厅的山墙，所有墙体上的面均由垂直线条统贯，一切造型部件和装饰细部都以尖顶为合成要素，建筑的立面越往上划分越为细巧，形体和装饰越见玲珑。

另外，在哥特式教堂中，尖券与小拱的大量使用，赋予了空间与结构极大的灵活性，同时也为教堂的艺术风格带来了新奇的格局。哥特式教堂的平面一般仍为拉丁十字形，但中厅窄而长，瘦而高，教堂内部导向天堂和祭坛的动势都很强，教堂内部的结构全部裸露，近于框架式，垂直线条统帅着所有部分，使空间显得极为高耸，显示出很强的宗教氛围，而这种气氛的形成，又无疑得益于尖券、尖拱及空间结构等技术的广泛使用。

在哥特式教堂建筑中，法国的巴黎圣母院、意大利的米兰大教堂、德国的科隆大教堂对其风格特点表现得最为典型，因此人们谈起哥特式建筑时，往往也会以它们为例。

（5）巴洛克建筑风格

巴洛克是产生于文艺复兴高潮过后的一种文化艺术风格，其特点是怪诞、扭曲以及不规整。巴洛克建筑风格是巴洛克文化艺术风格的一个组成部分，从欧洲建筑艺术的发展历史来看，它是继哥特式建筑之后欧洲建筑风格的又一次飞跃，在这种风格中，存在着显而易见的世俗化倾向，形成了不同于以前所有时代建筑风格的另一种特色。

巴洛克建筑风格主要有三个方面的特征。第一，炫耀财富。它常常运用大量贵重的材料、精细的加工、刻意的装饰，以显示其富有与高贵。第二，轻视结构逻辑，常常采用一些非理性组合手法。第三，标新立异，追求新奇。这是巴洛克建筑风格最显著的特征。它突破了传统建筑的构图法则和一般形式，抛弃了绝对对称与均衡，以及圆形、方形等静态平面形式，采用以椭圆形为基础的"S"形、波浪形的平面和立面，使建筑形象产生动态感；或者把建筑和雕刻二者混合，以求新奇感；或者用高低错落及形式构件之间的某种不协调，引起刺激感。

（6）洛可可建筑风格

洛可可风格出现于18世纪法国古典主义后期，流行于法国、德国、奥地利等国。对于建筑艺术来说，洛可可主要是一种室内装饰风格。它是在反对法国古典主义艺术的逻辑性、易明性、理性的前提下出现的柔媚、细腻和纤巧的建筑风格。它的主要特点是一切围绕柔媚顺和来构图，喜爱使用曲线和圆形，尽可能避免方角，并常常在各种转角处用装饰线脚软化方角，用多变的并常常被装饰雕刻打断的曲线代替僵硬的水平线。洛可可风格的建筑常以质感温软的木材取代过去常常使用的大理石，墙面上不再出现古典程式，而代之以线脚繁复的镶板和数量奇多的玻璃镜面。在色彩上，为了达到柔媚顺和的效果，洛可可风格的建筑喜用娇嫩的色彩，如白色、金色、粉红色、嫩绿色、淡黄色，尽量避免强烈的对比。正因如此，洛可可风格常被认为是格调不高、奢靡颓废的建筑风格。但是，由于洛可可风格注重功能，注重人的切身需要的一面，所构成的建筑室内空间气氛更亲切宜人，其自诞生以来，影响绵延至今。

（二）建筑材质风格

1.中国的土木之材

中国建筑自古以土木为材，自成体系，表现出顽固的"亲地"倾向与"恋木"情结。从史前建筑的穴居和巢居，一直到清代的大、小木作，土木营构始终是中国建筑的主旋律，形成了异于西方古代建筑以石构为主调的显著特色。

中国历史上也不乏石材建筑的例子，但石材大多用于建造陵墓、牌坊、华表等纪念性建筑，始终没有成为中国建筑材料的"主角"。倒是木材，在中国几千年建筑的历史长河中，一如既往地扮演着建筑用材的主要角色。

中国传统建筑采用土木营构最深刻的根由，应是那种亘古自有的农业文化土壤所养育的华夏民族对现实生命的珍爱意识，是对大地（土）和植物（木）永存生命之气的钟爱与执着在审美心理上的反映。中华原始先民世代繁衍生息于亚洲北温带地区，这里气候温暖湿润，土地肥沃，植被丰茂，在长期的农耕生活中，原始先民逐渐意识到，植物的春华秋实，夏荣冬枯，周而复始，绵绵不绝，比起石头之类的"死物"来，自然更富有生气和活力。这种对植物生命的感悟，萌发出原始先民对植物顽强生命力的崇拜意识。大自然各种现象的变幻无穷和神秘莫测，都会使他们战战兢兢，不知所措，由崇拜而生敬畏进而是顶礼膜拜。他们崇拜山川日月、大地草木等各种自然现象，以寻求心灵上的安慰和精神上的寄托，而随处可见的树木，便被赋予了生命和灵魂，成为他们主要的崇拜对象。把木材作为建筑的基本材料，其实也是原始先民集敬畏与崇拜于一体的审美感受的折射。但是，原始先民对生命力的崇拜，并没有发展到西方古代社会对宗教的迷狂程度，而是始终保持着一种清醒的理性精神。

自然，华夏先民也不满足于灾难深重的现实，但他们并不将希望寄寓于彼岸的、来世的天国，祈求上帝的保佑，而是寄寓于此岸的、现世的人生，用对祖宗、君主的崇拜和服从来代替对神的信奉。儒家不讲鬼神，只讲人，把全部的注意力都集中在活人的身上,"子不语怪力乱神""敬鬼神而远之""未知生,焉知死""制天命而用之"等理论的出现便是明证。即使是对死人的祭祀也是为了活人,使活人能够取法于死去的祖先。道家的正宗也不讲鬼神,老子的"无为而无不为"就明白地表明自然规律的不可违逆,故不强求人为,而应顺其自然,不乞求神灵。

中国传统建筑长期坚持土木营构,是自然、经济、社会、政治、思想、审美等各种"合力"因素共同作用的结果。从更深的层次考虑,那种潜藏在顽强的现世生命意识之后根深蒂固的"恋土""恋木"情结,实在是一个不容忽视的重要因素。在这些因素的推动、激荡之下,中国建筑形成了完美的自律体系,显示出强劲的生命力量。可以说,中国建筑的土木营构,是原始农业文明和生命审美意识的共同选择。

2. 西方的砖石之材

大量的人类考古发现证明中西方古代建筑都起源于木构。但是,中国建筑始终对土木情有独钟,沿用了原始的木构结构,并保持了长期的一贯性和连续性,用土木谱写了一曲优美的乐章。西方古代建筑则在人类文明的早期就走上了石材发展的道路,用石头筑就了建筑的辉煌,书写了一部"石头的史书"。

造成中西方建材使用差异的因素有很多种,其中有自然环境条件和社会生产力发展水平等因素的影响,但更为重要的,是中西传统建筑文化理念的差异:中国建筑是为生活在现世的人居住的,因而也就没有必要修建万古长存的建筑物,西方建筑是为彼岸遥远的神灵建造的寓所,追求的是对此岸世界的无限超越,永恒的神灵与永恒的建筑物同在,建筑物也必须是经久不毁的,而石头自身的质地恰好满足了这一要求,所以选用石头作为建筑的材料,也就成为自然而然的事情。

西方古代建筑由木材改为石头作建筑材料,也受制于自然环境和生产力的发展水平。早在古埃及时期,石材虽是丰富的自然资源,但多被用来制造一些简单的生产工具和日常的生活器皿,有时还用于制作装饰品,而一般不用于进行建筑活动。但由于两河流域气候湿润,降雨较多,木构建筑易被风剥雨蚀而易于腐朽的特点也就越来越不能满足建筑物长久存在的需要。因此,对选用何种材料来代替芦苇及草木也就成为一件非常重要的事情。在长期的生产劳作过程中,人们从河水泛滥所带来的遍地淤泥中受到启发,开始用太阳晒干的泥砖作为建筑材料。据考古证明,泥砖曾是古代两河流域和埃及使用时间相当长的建筑材料,他们用泥砖建造住宅和宫殿。随着生产力发展水平的不断提高和时间的不断推移，古埃及人发展了几何学、测量学，创造了起重运输机械，学会了绘制建筑物图纸，能够组织大量的劳动力参加集体劳动，这一切都使大规模的采石活动成为可能。石材坚硬的质地和不易被雨水侵蚀而腐朽的特点，也使得它成为建造大型坚固建筑物的理想材料。到公元前3世纪时，人们就已经开始用石材来建造皇帝的宫殿和陵墓。这一传统在之后两千多年的建筑中持久不衰，并日趋完善，成为西方古代建筑舞台的主旋律。

西方建筑广泛地采用石构，也是原始先民巨石崇拜观念的反映。社会生产力越低下，人类对自然事物的把握度也就越小。落后的生产力使先民常常生活在对盲目自然力的恐惧中，因而对一切自然现象产生了一种敬畏和膜拜之情。随着生活范围的扩大和生活空间的扩展，他们越来越多地接触到大量的石头。石头坚硬的质地、重拙的体形以及自身所隐含的某种神秘感，都使西方人认识到石头是比木头对人类威胁更大、更无法控制的自然物，这就更加深了其万物有灵的观念，从而激发起对石头的崇拜热忱。

据考古发现，西方巨石建筑的最早遗迹，属于新石器时代末期。当时的人们用巨石建筑堡垒防御野兽和敌人的侵袭，用巨大的石块建造坟墓，又竖立巨石纪念物用于宗教仪式。因此，在石材建筑起源的意义上，它就同时包含着遮蔽身体与供奉神灵的双重功能。人们建造厚重的石墙来遮蔽身体，防御野兽和敌人的侵袭，又将最理想的石构居处用于宗教目的，供奉神灵，以祈求风调雨顺。

对巨石的崇拜热忱，必然产生对宗教的迷狂。因为任何宗教，都是以追求灵魂的不朽与精神的超越为主要特征的。石材自身所具有的坚固质地以及人对石材的神秘感，正好满足了这种要求。古印度人把祖先视为不死的永恒的神灵，相信他们会在彼岸世界里永生，因而用石材建造了庙宇和墓塔，以供祭祀。因为石质的僵硬和不易被腐蚀，正好象征了神灵的永生不灭。原始先民还认为，要得到神灵的保佑和庇护，就得献媚于神灵，以使自己免受伤害，石构建筑恰恰满足了这双重功能。因此，石构建筑为西方人提供了由崇拜走向审美的历史契机。而埃及金字塔的建造，正是这一历史契机中的辉煌杰作，深刻而持久地影响了西方人的审美观。

西方古代建筑由木构走向石构的演变过程，勾勒出原始先民在建筑观念上由实用、认知、崇拜到审美的四重变奏，契合了迷狂的宗教意绪，表达了执着的"恋石"情结，体现出对永恒与超越的顽固追求，用石头写出了一部辉煌的建筑史书。

第二节　中西方建筑审美特征

建筑是文化的重要组成部分，它如实地记载了人类文明发展的脚步，具有鲜明的时代特点和民族特色。无论中国还是西方，和谐都是人类的最高理想和审美追求。所以，建筑艺术也必然体现出以和谐为主要内容的审美特征。

一、中国建筑的心理和谐之美

中国传统文化是以占人口绝大多数的汉族文化为代表的。从春秋战国的百家争鸣开始，中华民族的文化无论九流百家，还是礼乐刑政，都是在摆脱原始巫术宗教观念的基础上，建立了一种承认人的认识能力，调动人的心理功能，规范人的道德情操和维系人的相互关系的人本主义文化。这主要表现在以孔子为代表的儒家学说和以庄子为代表的道家学派。正如李泽厚指出的："儒家把传统礼制归结和建立在亲子之爱这种普遍而又日常的心理基础和原则之上，把一种本来没有多少道理可讲的礼仪制度予以实践理性的心理学解释，从而也就把原来是外在的强制性的规范，改变而为主动性的内在欲求，把礼乐服务和服从于神，变为服务和服从于人"。而道家，避弃现世，但却不否定生命，追求个体的绝对自由，在对待人生的审美态度上充满了感情的色彩，因而，它以补充、加深儒家文化而与儒家文化共存，形成了历史上"儒道互补"的文化现象。正是这一文化现象，才使得绝大多数艺术形式，都以探讨现实的伦理价值而不以追求痴狂的宗教情绪或虚幻的心灵净化为主题。

"礼乐文化"是几千年来中国文化的一个主要形式。"礼"作为规范整个社会的纲要，贯穿了整个社会的政治、经济、道德、宗教、文艺、习俗等各方面的内容，规范了一切人和事。何谓"礼"？礼起源于祭祀天地、列祖列宗的仪式，是一种巫祝活动，行礼是一种"事神致福"，即原始宗教的祭典活动。远在原始氏族公社，人们已习惯于把重要的行动加之以特殊的礼仪。原始人常以具有象征意义的物品，连同一系列象征性动作，构成种种仪式，用来表达自己的感情和愿望。后来人们把这种礼仪活动引申为道德伦理秩序。礼也就成了区分等级社会中各阶级阶层的地位，建立统治阶级政治秩序的一种制度。"贵贱有等，长幼有序，贫富轻重皆有称者也。"这也是"礼"的职能所在，即所谓的"礼辨异"。那么"礼"要实现自己的职能，还必须有"乐"的配合。

何谓"乐"？"乐"字甲骨文为"朱"，据修海林先生考证，其原意是谷物成熟结穗而带给人收获的快乐，引申为欢悦感奋的心理情感，后推衍为引发人们情感愉悦的特定形式——艺术。乐在中国古代社会是与宗教祭祀联系在一起的。夏商两代，氏族社会后期乐的职能开始分化：一是衍化成各种祭祀典礼中的仪式；二是成为节日活动中的群众性的习俗舞乐。

西周时期是礼乐文化发展成熟的时期。周公制礼作乐旨在将原本只是祀祖祭神的宗教仪式转化为王朝的政治性礼仪制度。其基本精神是别尊卑、序贵贱，在区分等级差别的前提下纳天下于一统，以使建立在宗法政治基础上的王朝长治久安。历代统治者制定的礼乐制度以此为基础，只不过稍有损益罢了。而且，礼乐制度如孔子言是"礼乐征伐自天子出"，不能和礼乐文化混同。礼乐制度维护封建宗法等级制度，随封建社会的崩溃而灭亡。礼乐文化是群体在社会实践活动中创造的，"礼"是指诉诸理智的行为规范。"乐"是艺术在行为规范基础上的感情调适，与"仁"关系密切，是加强文化修养的主要途径。

自春秋时期开始，诸侯割据，群雄并起，传统的礼乐制度开始出现裂痕。春秋后期至战国时代，礼乐制度进一步瓦解，"礼崩乐坏"已成定局。面对这一局面，孔子提出"克己复礼"的主张，把礼乐教化的思想贯彻在自己的教育实践中，培养了一代又一代人才。以孔子为代表的儒家礼乐思想，是对西周末期至春秋初期所萌生的礼乐思想的继承、发展和系统化。儒家企图维护和恢复礼乐制度及其政治功能，但因礼乐制度赖以存在的社会政治根基已毁掉，这已不可能。然而，礼乐因为儒家的解释、论述并进一步贯彻于教育实践中，从而脱去了其政治制度的外壳而变成纯文化并流传千古，这不能不说是儒家对中华文化的最大贡献。可以说此时的礼与乐已失去政治功能，礼乐作为社会制度层面崩坏了。但"礼"作为道德规范，作为区分老幼尊卑的伦理等级观念，依然在现实中起着作用。乐作为艺术，作为审美娱乐品，也依然在现实中起着作用。礼乐作为教育思想，作为文化精神，因为脱离了政治束缚而获得新生，得到了新发展。

中国建筑艺术的和谐美，是"天人合一"哲学思想在建筑艺术中的集中反映和体现。建立在"天人合一"基础之上的中国建筑艺术的和谐美，影响到营造观念的各个方面，指导着建筑的选址、规划、布局和形制。

在中国传统建筑的单体造型中，最突出的是建筑形制中所表现出的"和谐"之美，这也是中国传统文化中的标志性理念。建筑作为一种伦理学的实体演绎，通过建筑物的对称、均衡、韵律、尺度等形式美的平衡原则来表达"和"的理念，表现人与人、人与社会、人与自然的和谐。首先，"和"的理念表现在中国传统建筑的平面布置和立面造型上，是讲究对称的原则。其具体表现为对中轴线意识的强化，建筑物左右对称，平衡稳定，表现出严格的对称原则和均衡之美。其次，"和"的理念表现还存在于对韵律感的强调。

在平面及立面组成上，中国传统建筑喜欢采用相同或相似的节奏感来表达建筑的韵律感。这种柱、梁、斗拱等建筑语言有规律的重复，使建筑在立面或者内部空间上表达出统一、和谐之感。

中国建筑艺术讲究整体和谐。在建筑物的选址上，有所谓"相形取胜""相土尝水""辨方正位"之说，就是要充分考虑到周围的地理地貌、当地的水土质量，以及天文气象等各方面因素的影响，注重自然生态环境和景观的和谐优美。在城市建设上，早在战国时代，《考工记》就有了"匠人营国，方九里，旁三门。国中九经九纬，经涂九轨。左祖右社，面朝后市，市朝一夫"的完整规划思想。在单体建筑中，"墙倒屋不塌"的木构架整体结构可谓历史悠久，独树一帜；在布局安排上，中国建筑不以单体取胜，而以群体组合见长，讲究各单体建筑物的横向有序铺排，各单体之间用廊柱等结构将它们联结为一个庞大的建筑群体。在建筑方位、建筑色彩、建筑图案，以及建筑的空间分割等方面，又深受"阴阳""五行""四象""八卦""河图""洛书""天干""地支""元气"等观念之影响，并作为其建筑活动整体构思的内在依据，将人、自然与建筑物构成一个有机和谐的整体。

这种"天人合一"的有机整体观，是中国建筑最基本的哲学内涵，也是中国古代颇具魅力的风水理论的源头活水。现存的北京紫禁城、明十三陵、遵化清东陵、易县清西陵，以及分布广泛的城镇、寺庙、村庄、民居和其他陵墓，都是古代匠人营造活动成功的杰作，表现出古代劳动人民无与伦比的智慧和卓越的才能。

在漫长的封建社会里，儒家伦理思想渗透到一切社会和人生领域，深刻地影响了中国传统建筑文化的精神面貌与历史发展，十分强烈地表现在中国古代的坛庙、都城、宫殿、陵寝等建筑文化现象中，中国古代建筑也就成为一部用土木"写就"的"政治伦理学"。但这部"政治伦理学"不仅是抽象的伦理道德符号的演绎，而且是通过建筑物的对称、均衡、韵律、尺度等形式美原则以及数字、色彩等具象化的象征手法演奏出的"礼乐和鸣"。

中国传统建筑和西方古建筑一样都是理性的表达。这种理性表达不是西方的比例，而是表现为"律"，即"数"的等差变化所构成的和谐与秩序，如房屋的进深、台基以至门窗的格式花样、装饰图案的用量等都有数的等差规则可循，而这些规则又直接表现出各类不同等级所使用的建筑等级差别，建筑的数的和谐被赋予了"礼"的规范内容。从建筑等级制度的具体规定方式来看，有尊卑差别的建筑体系是靠对帝王以下各阶层的人等所占有的建筑规模和样式加以限定来保证的。人们在这种严格的等级秩序中可以感觉到一种有序的秩序美，这是"乐"的表现。

当然，这种礼乐实用观念不仅仅表现在我国古代宫殿建筑的"量"上，也反映在我国传统民居的等级秩序中。北京明清时期的四合院是我国民居的典型代表。它分为前、后两院，两院之间由中门相通。前院用作门房、客房、客厅，后院非请勿入。其中，位于住宅中轴线上的堂屋，规模形式之华美，为全宅醒目之处。堂的左右耳房为长辈居室，厢房为晚辈居室。生活在其中的人们，都遵循着"男治外事，女治内事，男子昼无故不处私室。妇人无故不窥中门，有故出中门必拥蔽其面"的原则。如此严格的封建等级制度，使得北京四合院以其强烈的封建宗法制度和空间安排，成为我国最具特色的传统民居。而最为重要的，是"尊卑有分，上下有等"的严格礼制规范，使得我国古代建筑从群体到单体，由造型到色彩，从室外铺陈设置到室内装饰摆设，都被赋予了秩序感，即所说的"礼者，天地之序也"。这种强烈的儒家礼制思想既规定了封建社会三纲五常的社会秩序，又构成了封建社会建筑的等级秩序。而这种包含着社会、伦理、宗教以及技术内容的秩序美，又大大加深了建筑美的深度和广度，使建筑更加壮丽。四合院体现了传统伦理观念中严肃冰冷的一面，但它又反映了温馨和乐的人情关系。所谓"天伦之乐"，四合院中追求的"四世同堂"是传统家庭大团圆的理想。四合院有效地培育了尊长爱幼、孝悌亲情的伦理美德。除此之外，中国建筑还通过院落空间尺度对比变化产生不同的气势或通过精雕细琢的彩画产生富丽堂皇的气氛，给人以享受和愉悦，它们所营造出的场面气氛，已然超出了建筑本身对实用和技术的要求，目的也在于追求某种礼乐秩序。

中国古代建筑的平面布局，具有强烈的"尚中"情结，集中体现在对中轴线意识的强化和运用。中轴线南北贯穿，建筑物左右对称，秩序井然，表现了清醒的现实理性精神，成为中国古代建筑文化的一大传统。与中轴线建筑形式美相关的，是中国传统建筑群平面布置的均衡之美。均衡，是中国古代建筑基本形式美的特性。均衡的建筑形象，在审美视觉上给人以安稳、持重、冷静而又坦然之感。但是，建筑的布局绝不是一种理想化产物，这种理想的对称均衡模式也不是绝对的，它往往受制于具体的场地、地形、交通等因素的约束。古代匠人在这方面的构思又是奇妙的，他们往往通过巧妙的艺术处理，在改变绝对对称关系后保持原有的均衡追求，使人在观感上仍获得对称均衡的审美效果。

由相同或相似的节奏感而形成的韵律美是中国建筑艺术和谐美的一个重要语汇。起伏的山峦、荡漾的水面、飘浮的行云、缕缕的和风，都能给我们以韵律感。听觉艺术就是通过韵律来达到和谐的，建筑艺术的韵律感则通常用相同或相似的构件按各样规则排列而显示出来，使建筑在立面，或在内部空间，或在布局上达到统一、和谐的效果。由于中国建筑群是在平面上横向铺排布局的，所以中国建筑的韵律感也是在平面上展开的。苏州园林长长的游廊，用高度相同的柱子等距离地排列，凡有廊壁之处，或是每间安排一定大小的窗子，或是安排大小齐一、数量齐一的书条石，廊壁虽随形而曲，依势而折，但柱、窗、书条石的造型组合，以曲折有序而不乱的固定模式定期重复，宛如不同声符音乐的和谐交织，迎合了游人的节拍感觉和预期心理。

中国传统建筑作为皇权的象征和礼制的标志，不同功能的建筑都要求有不同的体量，宫殿、都城、坛庙、陵寝等建筑型制，只有用巨大的有等级的体量，才能象征皇权的尊贵、威慑、礼制的森严、秩序，才能更有力地彰显人与社会之"和"。因此，体量也就成为中国传统建筑艺术和谐美的一个重要品质。儒家从凸显建筑须体现社会伦理等级尊卑秩序的精神功能出发而崇尚"大壮"之美，正是这一观念的反映。长城无疑是中国建筑体量美的最好代表。人、自然、社会在这里交汇，其绵延万里的雄姿，恰似神奇巨笔在华夏大地之上一挥而就的气势磅礴的草书，在沙漠戈壁的广袤无垠和千古岁月的时空交错中，永恒地展示出中华民族的向心力与亲和力。

在一切艺术形式中，中国园林艺术以审美的形式最直接、全面、形象而又生动地展现了古代关于"天人之际"的宇宙模式，不论是上古高耸的苑台、秦汉宫苑中的瀛海仙山，还是中唐以后的"壶中天地""芥子纳须弥"，园林实际上都不过是人们理想中的宇宙之艺术的再现而已。而无限广大和蕴含万物的宇宙空间，也正是园林艺术在有限的空间里所要表达的文化主题和构建的景观内容。因此，完备的景观体系构成了中国园林内容丰富而又变幻无穷的艺术境界的物质基础。从皇家园林和私家园林中我们都能深刻地体会出这种收天地无尽之景于一园之内的努力。

在"壶中""芥子"的空间里以景观系列为物质基础，以"天人之际"为表现模式，以"心与境契"为理想境界，以最终合于"宇宙韵律"为审美极致，从有限到无限，再由无限而归于有限，构成中国园林意境不可或缺的几个层次。在情与景的交融、虚与实的互渗、动与静的涵蓄、有限与无限的契合中，构成以"和"为审美内核的意境美。

二、西方建筑的物理和谐之美

正如古希腊、罗马文化是欧洲文明的源头一样，古希腊、罗马的建筑形制也对西方的建筑造型起着一个规则和示范标本的作用，因此，探讨古希腊、古罗马建筑法则对了解整个西方建筑有巨大的作用。古希腊、古罗马建筑美学是建立在数学比例基础上的一种形式美学。它与古希腊毕达哥拉斯学派对数的和谐探求、古罗马建筑学家维特鲁威以及文艺复兴时期建筑美学家的学说有关。

毕达哥拉斯学派认为，宇宙万物最基本的元素是"数"，"数"为万物的本质。"数"的原则统治着宇宙的一切，从这个观点出发，他们认为美是和谐与比例。他们很注重审美对象的数学基础，力图为艺术家们找出产生最美效果的经验性规范。他们也应用这个原则来研究建筑与雕塑等艺术，想借此找到物体的最美形式。

哲学家亚里士多德提出，美存在于具体的美的事物之中，美首先取决于客观事物的属性，这主要是体积的大小适中和各种组成部分之间有机的和谐统一。美的主要形式是秩序、匀称和明确，不能把数排斥在美的范围之外。可见，古希腊人推崇"数"的原则，他们认为精确的"比例"比感官可靠的多，不会透视变形而被扭曲。这种美学思想导致了古希腊人在高、宽、厚的关系中寻找建筑的美，在对角线与边长中获取建筑美的奥秘。

在神学主宰的中世纪，数学原则在艺术中的权威地位仍然不可动摇。在宗教哲学家看来，美是适当的比例和鲜明的旋律。圣·奥古斯丁认为美是数学的和谐关系的显示。他在《论音乐》一书中说："美丽的东西之所以使人喜欢，就是全靠数字的关系。"而圣·托马斯·阿奎那更明确提出："美有三个要素。第一是一种完整或完美，凡是不完整的东西就是丑的；第二是适当的比例或和谐；第三是鲜明，所以鲜明的颜色是公认的。"宗教理论家的观点充分地反映在宗教艺术之中。米兰大教堂等哥特式宗教建筑，都表现为严格的几何体尖角，圣坛的长度、高度都无不表现出和谐的比例。它的迷人之处正在于数学智慧与宗教精神的有机结合。

到了文艺复兴时期，由毕达哥拉斯、亚里士多德、维特鲁威所开创的以数的和谐为标准的形式主义美学被文艺复兴的理论家所继承。但是这些理论都处于维特鲁威的强烈影响之下，都没有超出维特鲁威著作的体系。文艺复兴时期的理论家仍然崇奉"和谐是美"这个观点。文艺复兴时期伟大的建筑学家阿尔伯蒂说："我认为美就是各个部分的和谐，不论是什么主题，这些部分都应该按这样的比例和关系协调起来，以致既不能再增加什么，也不能再减少或更动什么，除非有意破坏它。"同时，阿尔伯蒂还在他的《论建筑》书中对建筑设计下了一个定义："整个建筑艺术，是由设计与结构所组成的；整个设计的力量与规则，是将组成建筑外观的线与角，加以正确而准确地适应与连接而构成的。设计的本质就在于，将一座大厦的所有部件放在它适当的位置，决定他们的数量，赋予恰当的比例与优美的柱式。"从他的言论和著作可以看到阿尔伯蒂与希腊罗马时期的建筑师一样信奉数的关系和比例的规则。阿尔伯蒂的建筑理论在当时影响甚广，同时他也是一位有很多建筑作品的建筑师。他的建筑是他理论的最佳范例。阿尔伯蒂设计的位于佛罗伦萨的新圣玛利亚教堂的立面由一系列正方形和平行线来控制整个建筑比例的。新圣玛丽亚教堂的立面取得了良好的视觉效果，并且成为建筑和谐优美比例的典范。

文艺复兴时期的建筑师们认为复杂的比例关系能比简单的比例关系达到更高的美学境界。他们在设计中追求这种复杂的比例关系，并且在设计中使用了"控制线"作为追求复杂比例关系的手段。控制线包括对角线和基本几何形两种。对角线的原理：如果一系列方形的对角线是平行的，那么它们的长和宽具有相同的比例；如果它们的对角线是垂直的，那么它们具有相同的比例并且是旋转了 90° 的。基本几何形控制线包括圆形、三角形、黄金分割矩形以及各种动态矩形等简单而又有确定比例关系的几何图形。

文艺复兴时期对建筑和谐美的研究达到了一个高潮。古典建筑在西方各个国家得到广泛传播。这之后，关于建筑比例，尤其是柱式的规范逐渐僵化教条。有两种建筑风格突破了这种教条，一种是标新立异力求突破既有形式的巴洛克风格，另外一种是主要在法国大行其道的古典主义。巴洛克建筑师贝尔尼尼说："一个不偶尔破坏规则的人，就永远不能超越它。"巴洛克是创新的，但是处处留着古典主义的影子，甚至还遵循着古典主义的某些原则，使用柱式作为建筑造型的主要手段。法国古典主义的大本营是 1677 年成立的法国皇家建筑学院，学院致力于建立更加严谨的建筑艺术规则，他们认为这种规则就是数和几何。他们把比例作为建筑造型中唯一的主导的因素。法兰西建筑学院的第一任教授弗·勃隆台说："美产生于度量和比例。""建筑中，决定美和典雅的是比例，必须用数学的方法把它定成永恒的稳定的规则。"只要比例恰当，连垃圾堆都是美的。它们用以几何和数学为基础的理性判断完全代替直接感性的审美经验，不信任眼睛的审美能力，而依靠两脚规来判断美，用数字来计算美。奥古斯丁也认为，美的基本原理在于数，即"数始于一，数以等同和类似而美，数与秩序不可分"。他关于比例、尺度、均衡、对称、整一和谐等形式美的概念，都被当成法则一直使用到现今。从毕达哥拉斯和维特鲁威以来，人们都相信客观存在的美是有规律的，而这个规律就是几何和数的和谐。而且，这个规则是存在于整个宇宙中的。文艺复兴时期的理论家，也相信世界是统一的，世间万物存在着普遍的和谐。科隆主张，建筑物不仅要自我完整，而且同时应该是整个世界和谐的一部分，服从于世界整体。他们认为，建筑美的内在规律与统摄着世界的规律相一致。这个规律就是数的规律。

西方古代建筑十分重视建筑物外观造型的整体和谐，讲究建筑物的对称、比例、均衡、统一等形式美。古代建筑的和谐美是与西方艺术的发展同步的。古希腊建筑艺术的和谐美，首先明显地体现在希腊神庙柱式完美的比例中。希腊建筑的各种柱式都具有音乐般的和谐比例，每种柱式都具有严密的模数关系，各部分的比例关系也都是按照人体的比例来设计的。不过虽然规定严格，但并不僵化，而是随着环境的改变，建筑物的性质和规模的不同，以及观赏条件的差异，做相应的调整，根据人的视觉感受的变通，而不使审美的判断屈从于僵化的教条，体现了西方古代建筑对和谐美的特殊理解。

古希腊建筑艺术的和谐美还表现在建筑群所体现出的有机整体性。事物要体现出形体的和谐，必须具有完美的整体性。所以，我们看到在著名的圣地建筑群中，它们并不力求整齐对称，而是追求个体与个体之间、个体与群体之间、群体同自然环境之间的和谐，乐于顺应和利用各种复杂的地势和地形，构成灵活多变的建筑景观，又由庙宇统领全局，既照顾了远处具有观赏性的外部形象，也照顾到内部各个位置的观赏性。

古罗马的审美理想基本上与古希腊相一致，但雄霸天下的恢宏气魄又折射出"高""大"的审美心态。如果说，古希腊建筑艺术是以适当的比例、合理的结构、宜人的尺度、匀称的造型为审美标准，以庄重、高贵、典雅、静穆为审美理想，表现出优美的审美特征，是一种静态的和谐美的话，那么，古罗马建筑艺术则以重拙的体量、宏大的造型、凌人的气势和超人的尺度见长，将那种对横扫四野、笼盖八荒雄伟霸业的内心追求，外化为一种高大而宏伟的建筑形象，表现出以壮美为特征的审美追求，体现出一种动态的和谐美。这首先得益于新的建筑材料和建筑技术在建筑中的广泛应用。拱券结构和混凝土工程技术的完美结合，使古罗马的建筑类型不断增多，建筑的规模逐渐扩大，从凯旋门、神庙、城市广场，到大浴场、角斗场、高架输水道等建筑，无不象征着罗马帝国强大的军事势力，它们是辉煌的罗马帝国无言的证人，更是罗马人内在心灵的崇高与外在建筑宏伟形式的一种和谐体证。

中世纪美学以天国的美和上帝的美来否定尘世的一切美和艺术，尽管这一时期的美学思想披上了神秘的宗教外衣，但在美的表现形式上，仍与古希腊的美在比例、匀称、完整的美学精神相一致。奥古斯丁把美规定为"各部分的匀称，加上色彩的悦目"。他还声称只有当灵魂受到宗教的洗涤和净化之后，才可能透过物体的和谐来直观上帝的和谐，从而在精神上与上帝融为一体。中世纪美学实际上包含着内、外两个层次，事物的比例、匀称、统一等外在形式美只是实现内在心灵与神和谐并皈依上帝的重要手段，在一定程度上进一步深化了古罗马以来的动态和谐美。

　　中世纪的建筑艺术也同样体现着这两个层次，无论是拜占庭式建筑、古罗马式建筑，还是哥特式建筑，尽管体量巨大，细部装饰繁复，但仍表现出完美的整体性与和谐性，但与此同时，中世纪的建筑艺术又在某种程度上打破了这一静态的和谐美，而以突兀的外部形体、宏大的体量、巨大的内部空间、繁复的细部装饰，压抑着人的精神，使人感到痛苦，进而产生一洗尘俗的欲念，渴望能够升华到更高的境界，表现出一定的心灵冲突。也就是说，建筑通过色彩、结构、力度、布局等处理，极力渲染出神的精神和宗教气氛，以传达人们超脱尘世的愿望和对天国的向往。

　　中世纪的美学思想和建筑艺术，在追求形式美的同时，极力凸显人的心灵在经宗教的洗礼和净化之后与神的和谐，将古希腊以来对和谐理想的追求推向了高峰。而这种最高审美境界的获得，又是以神性的张扬和人性的泯灭以及人性皈依于神性为条件的。因此，在神的面前，人是渺小的，甚至是微不足道的。而兴起于十四世纪的文艺复兴运动，则是对漫长中世纪神学的一次颠覆和反动，迎来了人文主义解放的曙光。它以人为中心，提倡科学与理性，反对宗教与愚昧，具有强烈的人本主义倾向。正是在这种思想的影响下，古希腊柱式中的比例和整体观又被重新运用到建筑艺术中。美的和谐作为建筑和一切艺术的基本原则，渗透到人类生活和万事万物的本质之中，自然界中的一切，莫不与和谐的规律相协调，这就把建筑和谐美的理想摆在了十分重要的位置。

　　西方建筑艺术的和谐美，充分体现于对比例、均衡、匀称、尺度等建筑形式美原则淋漓尽致的发挥和运用中。西方建筑虽有古罗马建筑的盛气凌人、哥特式建筑的飞扬跋扈、拜占庭式建筑的突兀逼仄，但在和谐这一时代审美理想下，即使有情绪的躁动、感情的压抑和矛盾的冲突，它们也是暂时的，经过瞬间的心灵激荡、飞升与净化之后，很快又趋于平静，达到了内心的和谐。正如温克尔曼在论希腊雕刻时所言："就像海的深处永远停留在静寂里，不管它的表面多么狂涛汹涌。"所以，尽管西方古代建筑在某些形式方面时有夸张、怪异的表现，但都没有超出和谐的审美理想。

第三节　中西方建筑的审美差异

一、中西方建筑空间的审美差异

建筑是对空间的分割与界定，它的整个空间被建筑物划分为内、外两个部分。屋墙壁顶和门窗等实体要素的围合形成建筑物的内部空间，其外则形成建筑物的外部空间。因而建筑可分为空间和实体两个部分。相应地，建筑美也可以区分为空间美和实体美两种形式。任何一座建筑，都同时具有这两种美，但不同体系的建筑，在空间美和实体美的表现上又有所侧重。尤其是当把时间的因素引入空间时，建筑的空间也就被赋予了全新的意义，给人的审美感受也就会随之产生根本性的变化。

（一）中国建筑的空间结构之美

中国传统建筑以"群"的形式出现，空间在时间的节奏中呈动态变化，明显地表现为流动的空间美。

以土木为材所形成的木构架建筑体系，由于受建筑材料自身物理属性的影响和限制，中国传统建筑形成了不向超长高度发展的体制。但建筑要满足多种不同功能的要求，就必须有满足它的足够空间。为解决这一矛盾，中国传统建筑走上了群体组合的发展道路，通过建筑物的群体组合来延伸、扩大空间。在建筑群中，"间"是空间的最基本单位，由"间"组成"幢"，再由"幢"围合成"中空"的庭院，每进入一个庭院就称为一"进"，构成一系列沿中轴线层层渐进的建筑群。因而，中国传统建筑的空间构成，不是集中在一座单体的建筑内来解决，而是靠群体的组合来完成的。所以，中国建筑的"大"，不论是庭院、住宅，还是宫殿、寺庙，都不追求单体建筑本身在纵向上的庞大形体，而是靠建筑群体横向的组合体现出来的。建筑空间通过多层次的分割、过渡、转换、对比和界定等组合手法，形成一种空间的节奏，从而给人以连续、流通、渗透、模糊的心理感受。迈步其中，既是在欣赏建筑，也像是在聆听或优美或雄壮的旋律，这就是中国传统建筑动态的空间美的具体体现。

根据组织形式的不同，中国传统的建筑空间可以分为规整式和自由式两种布局形式。

1. 中国建筑的规整式空间布局美

规整式空间布局主要表现在宫殿、宅邸、坛庙、陵寝等建筑组群以及城市建筑空间的整体安排。这类建筑在布局形式上讲究庭院空间的型制规格、尺度大小、主从关系、前后次序、抑扬对比等，从而严密的礼制仪规也演绎为严谨的空间序列，成为对儒家伦理观念的图式化诠释。

庭院空间是规整式空间布局的主要形式。由于庭院布局在平面上既有可延续性，又有良好的分区性能，还能很好地满足不同建筑物的使用要求，也能根据不同的地域环境来灵活地改变空间的形状。所以，它能在不同功能的建筑中得到广泛应用，成为我国传统建筑空间布局的基本模式。

2. 中国建筑的自由式空间布局美

自由式空间布局主要是指园林建筑和某些寺院建筑的空间布局，它们一般都没有明确的中轴线贯穿，也没有严密的左右对称，建筑群体外部轮廓不规整，院内各建筑物都是自由安排，看似了无章法，实则格局严谨。

园林建筑空间布局作为自由式空间布局的主要代表，最能体现出中国传统建筑流动的空间美。它不仅具有规整式建筑空间流动的音乐美，还具有电影"蒙太奇"式的绘画美。中国园林是一种包容性很强的综合艺术形式，与中国绘画有着千丝万缕的联系，在艺术表现手法上多有一致之处。所以，中国园林其实是一种绘画的艺术，具有"绘画之美"。欣赏中国园林，也就像是在欣赏一幅中国的手卷山水画，寻径探幽，步移景异。在这里，物理的空间转化为心理的时间流程，给人以"顿开尘外想，拟入画中行"的美的感受。

无论是在规整式空间布局还是在自由式空间布局中，门、檐、廊、亭、榭、馆等建筑小品与构件都起着重要的连接和贯通作用。它们就像音乐旋律上一个个跳动的音符，是建筑流动空间不可缺少的重要组成部分。我国传统建筑的梁柱木结构体系特点，为空间的处理带来了极大的灵活性。它既分割了空间，又可使两旁空间任意流通，从而形成了空间层次上丰富多变的建筑群体。在宫殿、庙宇、民居中都可以看到这种手法的运用，园林建筑中更是多见。中国园林以空间划分的大小、虚实、续断、曲直以及山水、花树、建筑景点等构成对比呼应，形成富于节奏意蕴的有机空间体系，它们往往成为组织园林空间的重要手段。在它们的相互贯联下，全园意蕴流溢，颇具"流动"之感。

中国传统建筑动态的空间美，是一个多层次的复合结构，具有多向度美的内涵。它是一种无法定质定量的心理时空，中国传统建筑流动的空间之所以具有时间的维度，并非因为它潜在的意义是用时间来体现的，而主要是因为它能让人从不同的心理状态和心境中来领会它而成为自己生活中的一部分。美学家歌德和谢林都曾将建筑称为凝固的音乐，后来的音乐家普德曼又将音乐称为流动的建筑，正是因为他们都意识到了建筑空间动态美的这种复合结构。的确，人置身并穿行于建筑之中，它的空间不停地流动、起伏、变幻等确实能给人一种激动人心的旋律感。虽然，建筑是空间的艺术，它本身并不带有时间性，音乐是纯粹的时间艺术，它本身也不能造型，而只能存在于时间这一维度之中。但由于人在空间的流动中始终伴随着时间的进程，这就使本来静止的空间具有了"流动"的特性。这种时、空合于一体的"流动"美，正是中国传统建筑空间最本质的美学内涵。

（二）西方建筑的雕刻之美

人类的任何活动都是在特定的时空下进行的，它必然体现出人们对这一特定时空的理解。建筑活动作为人类的活动形式，自然也要受这个时空系统的影响。西方文化的时空意识，不仅造就了西方古代文化的性格，而且造就了西方古代建筑艺术的风貌。物理的时空观念，决定了西方在建筑活动中对建筑单体的强调和对建筑几何造型的重视，因而建筑实体表现为一种造型美。

建筑造型实际上是由它所围合的内部空间决定的。从古希腊建筑活动开始，一直到现代建筑，伴随着建筑空间结构的不断革新，作为与空间相互依存的建筑实体也变得更加丰富多彩。

1. 西方建筑的雕刻美

古代西方建筑，注重建筑实体的结构、造型、装饰和体量，从外观看起来具有强烈的雕塑感。实际上，西方古代建筑历来就是被当作雕刻来处理的，欧洲两千年的建筑艺术史，同两千年的雕塑艺术史有着不解之缘，它们互相补充，互相衬托，和谐地统一在一个完整的艺术构思里。很多建筑师本身就是雕刻家，他们着意于美化建筑的厚重实体，通过给建筑物加上线脚、雕饰的方式，来琢磨它们的凹凸、明暗、划分、走向，以表明它们的质地、重量、体积，使它们服从于塑造建筑物总体的艺术形象。因此，这样的建筑"有着长、宽、高的明确尺寸，更具立体感。建筑的外部造型，也更具雕塑感"。古希腊建筑用象征着人体美的柱式作为建筑支撑和装饰的构件，而柱式本身就是雕塑。这一传统开启了西方古代建筑把柱式作为建筑物造型的主要手段的先河。即使在很重视结构美的哥特式教堂里，这个传统也没有完全中断。教堂上方高耸云天的尖塔，体现着市民对天国的渴慕，巨大的墩子被雕刻得好像是由许多纤细的垂直构件集合而成的，在视觉上给人以向上飞升的动感。巴洛克时期，柱子、檐口、过梁、山花等建筑构件更是被雕刻得凹凸曲折，而且还被随心所欲地组合在一起，表现出躁动不安的动势，建筑的雕塑化发展到了极致。如果说中国传统建筑布局是以群体组合和横向铺排取胜，在时间的流程中体现出空间的恢宏，表现出一种动态的空间美的话，那么西方建筑则在纵向的立面上以单体布局和向高空凸显见长，形体空间的封闭遮蔽了时间的流程，体现出一种静态的造型美。基督教建筑、拜占庭建筑、文艺复兴时期的建筑、巴洛克建筑和洛可可建筑，尽管在建筑材料、建筑结构上有所不同，但都表现出对单体建筑造型美的执意追求，单体建筑始终是西方古代建筑舞台上的主旋律。对建筑单体的强调，实际上也就是对几何空间的强调。因为与群体建筑相比，形体庞大的单体建筑在视觉上更能抓住人的注意力，更容易给人以心灵上的震撼，而这又恰恰契合了西方突出强调个体、寻求灵魂超脱的文化基因。西方古代建筑给我们视觉造成强烈冲击的，正是它那高耸挺拔、雕塑般的造型美。

2. 西方园林的雕刻美

西方园林建筑同样也体现出雕刻美的特征。西方园林空间造型上的形式美自不必说，植物和水法的"雕刻"化处理本身就是对造型美的追求。而从空间布局和传统建筑空间最本质的美学内涵来说，由于把形式美的原则运用于园林，讲究对称、均衡、整齐，又将各种植物雕刻成棱角分明的几何图案，所以西方园林大至空间布局，小至花草树木，直线条的特点非常明显，这就使得每一条游览路线几乎都是笔直的。西方园林的游览路线一般都是围绕园林的中轴线而有规则地向周围扩散，并与多条次轴线网络交织的。虽线路众多，但排列有序，主次分明，交接规则，绝无庞杂紊乱之感。这种规则的序列安排，能"产生一种庄重、爽直、明确的印象，而且强调高潮，它必然引起一种感官上的感受。在规则的序列中，很少遇到偶然的和意想不到的迷人之处，有意识的设计成分总是明摆着的"。主体景区设在中轴线上，且位于园林较高位置，其他景区则顺势铺排。游人置身此处，无须穿行其间，就能鸟瞰整体，所有的景致都能一览无余。与欲露先藏、峰回路转的中国园林的游览路线完全不同，西方园林的游览路线则是明朗开阔、秩序井然的。

西方园林的"雕刻之美"主要体现在两个方面。

①园林中植被的雕刻化造型。自古希腊以来，西方就有重视雕刻的文化传统，而园林的"雕刻"化，则是这种文化意绪的直接延伸和扩展，只不过这种雕刻不是写实性雕刻，而是按照人工法则将花草树木"雕刻"成的几何图案，人工斧凿的痕迹十分明显。比如，植被多被修剪成尖锥形、多角形、圆球形、半圆球形等几何图形，有的被修剪成某些动物的形状，还有的被修剪成拱券、廊道等图案；就连草地也是几何形的，用不同颜色的花草组成似地毯一样的图案；而用常绿灌木修剪成的绿篱更是常见。各种造型的绿色雕刻，对称而整齐地排列着，凝固了大量的人工之美，是高度理性化的象征。

这样一来，原始的自然被人工化，物体的个性被一般化，具体的景致被抽象化，生动的形象也被凝固化了。

②园林"水法"的雕刻化处理。园林因水而生气贯注，所以西方园林也重水趣。与中国园林尚"静"的水趣不同，西方园林的水趣是主"动"的。这种主"动"的水趣，某种程度上又可以被看作一般西方人好动、外露、热情奔放性格的写照。西方园林的"水法"处理最常见的形式是象征人体美的人体雕塑喷泉。它们或被设于林荫大道的尽头，或被置于广场的中心，或被立于带有喷泉的水池之中，其分布之广、数量之多、品类之繁，堪称"雕塑王国"。欣赏喷泉同时也是在欣赏雕塑，这是西方园林具有"雕刻之美"的重要体现。据说早在 3000 多年前的希腊园庭里就已配置喷泉雕像作为景观。罗马园林也习惯于设置喷泉。文艺复兴时期"水法"的处理形式更是多种多样，有随阶降泻的叠瀑与水扶梯以及水剧场、水花坛等，而其中又以人体雕像喷泉为最。它们都是表现人力的，完全按照人的要求来设计，利用水流产生的冲力，强迫水流喷射，形成各种不同形状的水花。佛罗伦萨就有一模拟少女沐浴的人体喷泉，泉水从"秀发"喷涌而出，晶莹滚动，淅淅有声。17 世纪的法国凡尔赛宫苑沿轴线布置的喷泉竟有 1400 多个，形成了一个严整宏大的人体雕像喷泉建构群。

西方古代建筑走着几何体的空间型道路，常以高耸硕大而富有雕塑感的几何形体展现出建筑物自身结构的造型美。古希腊神庙、古罗马大角斗场以及中世纪哥特式大教堂等建筑，都以其巨大的体量和独特的个性而存在，是这种几何空间的典型代表。它可以让人在短时间内就能把握住那完整而又独立的轮廓造型，而内部空间的封闭性因缺乏与其外在空间的有机联系和沟通也具有较好的私密感。它们是神的寓所，而不是供人享用的场所。所以，那幽暗深邃的内部空间，都会使进入其中的膜拜者不禁要屏住呼吸。这种空间向度呈静止的三维性，体现着欧几里得的几何学原理。就其空间的审美特性而言，人们无须在其中到处走动，甚至无须变动视点，就能一览无余。

二、中西方建筑的审美尺度比较

无论是建筑的外观，还是内部空间和外部空间的形状和组织，作为几何形状，它本身无所谓尺度问题。无论是埃及的金字塔、中国的万里长城，还是一般的小型住宅，建筑的体量变化的本身是没有尺度感的。尺度，只有当人介入其中，也就是人与建筑发生关系时，才可能产生。所谓尺度问题，实际上也就是人与建筑物之间的关系。它是指人们如何在各种形式的比较中去看建筑体量和空间的大小。

建筑的审美尺度既是建筑的空间布局和外观造型给人造成的一种视觉效果，也是建筑的审美特征在人内心产生的一种审美感受。一座建筑物之所以看起来美观，首先是因为它在结构和功能等方面符合了建筑美的尺度。中西方建筑之所以具有不尽相同的建筑美形态，那是因为它们各自有着不同的审美尺度。欣赏中西方传统建筑，无论是从建筑物的外观结构造型，还是从人们的主观心理感受来看，都会使人有不同的审美体验。所谓建筑的审美尺度，实质上表明了建筑与人的一种关系，是建筑物的整体或局部及其与人之间的大小关系而形成的一种大小感觉，它表现着建筑物的正确尺寸或所要追求的审美效果。从总体上讲，中西方传统建筑在不同社会文化功能的影响和制约下，形成了两种不同的审美尺度，即中国建筑的人的尺度和西方建筑的神的尺度。

（一）中国建筑的人的尺度

所谓建筑的人的尺度，是指在设计原则和结构造型等方面建筑物都以人为中心和出发点，都充分考虑到人的实用功能和审美特点，在心理上产生一种舒适宜人的审美感受。与西方古代建筑相比，中国传统建筑一个很鲜明的特点，就是无论建筑的空间布局还是建筑的结构造型，大至宫殿、都城、寺庙、佛塔，小至传统民居和私家园林，都充分考虑到人的审美活动或居住特点，从群体到单体，从整体到局部，注重体量尺度的和谐统一，讲究空间形式的巧妙安排。从建筑的结构造型来看，其长、宽、高都保持着和谐的比例关系。就连那些与人的活动密切相关的门、窗、台阶、栏杆和台座等结构部件的设置，也总是从建筑物的实用性功能出发，在尺度上与人体保持着适当的比例关系，给人舒适亲切的感觉，既不会因为空间的过大而令人感到空旷无边，也不会因为空间过小而令人感到逼仄压抑。以人的尺度来设计和营构始终是中国传统建筑的辉煌主题。

从文献记载来看，中国古代很早就具备了营造大尺度、大体量建筑物的技术和能力，据《新序·刺奢》记载："封为鹿台，七年而成，其大三里，高千尺，临望云雨。"足见其尺度、体量之巨大。但它们毕竟只占中国传统建筑的很一小部分，并且强烈的实用价值取向和清醒的世俗理性精神也阻绝和限定了它们的发展。

中国文化的一个显著特点是它的世俗性。与西方古代文化相比，中国人不否定世俗的生活，提倡"中庸""中和"，也就是要适度，不走极端。在中国古人看来，人生的欢乐就在于世俗性的伦理化和审美化之中。而西方的宗教文化则是极力否定世俗欢乐，把人生的幸福寄托在永恒幸福的天堂世界之中。所以，中国的文化是以世俗的人为中心的，人成为万物的尺度。这一文化特性反映在建筑上，也就使得中国建筑成为一种典型的人居环境。

在中国古人看来，人与大自然是一个和谐统一的有机整体，而大体量的建筑物则是对这种和谐关系的破坏，在尺度上既与人体的比例形成强烈的反差，也不能在心理上产生和谐的愉悦感。高旷空寂的房子给人压抑之感，是不适宜于人居住的。建筑只有采用宜人的尺度，才能符合人的生理特点和审美心理。

根植于中国深厚文化土壤的传统建筑观念，从现世的人生出发，始终以"适形"理论为指导原则。这里的"适形"，实际上也就是要适合人的活动特点和建筑物的实用功能。与"适形"观相联系的，是中国传统建筑"便于生"的思想。所谓"便于生"，即是指建筑的设计和营造都要便于人的生活需要。"适形"只是作为建筑设计的一种手段，"便于生"才是建筑活动的真正目的。

在"适形"原则和"便于生"思想的影响下，以适宜人的活动为宗旨，以小体量的个体建筑为基本元素，以由个体组合而成的院落为基本单元，以由若干院落组成的建筑群为主要形式，成为中国传统建筑的鲜明特点。中国传统建筑，不论规模大小，以人的尺度为衡量标准始终是一个一以贯之的审美主题。这一点即使在今天，对建筑文化仍产生着重要的影响。

中国传统建筑所追求和向往的，是舒适宜人的建筑空间、匍匐大地的平面结构、相依相偎的群体组合、血脉相连的人间情暖、亲和融洽的审美感受。所以，宁静温馨的院落住宅、富丽堂皇的宫殿组群、曲径通幽的园林布局，成为与现实生活紧密相连的世间居住中心，而不是脱离世俗生活的特别场所，因而也就成为中国传统建筑的典型代表。

院落住宅是中国传统建筑的基本形式，也是中国传统建筑的文化母题，其中所体现出的以人为本的理性品格最能代表中国传统建筑的美学精神。从庭院住宅的设计观念来看，首先考虑的是适合人居的实用功能。所以，庭院住宅在体量和结构上都保持着与人适度的比例，就连窗、门等细小部件，也总与人体保持着相应的尺寸。庭院住宅还有如下特点：讲究空间的层次和虚实；建筑物以三合或四合排列，中围一院；建筑主面朝南，以墙、廊连接或围绕建筑，成一合院，合院对外封闭，大门尽量朝南，北面较少开口，如需扩大院落规模，则以重重院落相套，向纵深与横面展开；四周以围墙围护，又以院门与外界相连，显出整体的和谐；既注意院落的通风情况，也考虑到院落的采光效果；常在庭院的角落处设置草坪、花圃等，中间仍保留若干空地，供休闲、聊天之用。这一相对封闭的露天空间，能给人以亲切平和之感，从庭院中阴雨风雪的来临，可以感知节气的变化，从空气的清新和阳光的光热，也可感受到人的生命与大自然活力的息息相关。

　　宫殿作为中国传统建筑的主要类型，其实也就是院落住宅的放大，外朝内庭，前朝后寝，合乎"天地之道""阴阳之理"。但它淡化了院落住宅作为"家"的那份亲和与温馨，强调的是皇权的重威和伦理的森严。其气势之恢宏、规模之庞大、技艺之高超、品位之崇高，在中国传统建筑类型中首屈一指。秦之阿房宫，汉之未央宫，唐之大明宫，明清紫禁城，都是中国宫殿建筑的杰筑伟构。从环境的设计和给人的感受来看，因它们是封建统治的中心，所以不仅要采用庄严壮观的构图手法来凸显皇权至上的设计理念，更重要的是要通过平面位置的空间安排来体现礼制、尊卑等级的政治主题。但那灵动欲飘的反宇飞檐，化解了造型稍显庞大的重拙；井然有序的轴线铺排，消除了空间略显空旷的单调；虚实相生的场景变换，也增添了错落有致的节奏动感。所有这些，都充分考虑到人置身其内的心理感受，注重情与理的协调融洽。而注重宜人的审美感受，本身也就是人的尺度的重要体现。比起其他建筑，宫殿建筑群尺度虽有扩大，但又有所节制。体量再宏伟壮阔，但始终也是人的居所，既不像埃及金字塔那样，以巨大的物质重压，使人感觉到自己的渺小，也不像哥特式建筑那样，以疯狂的高直空间，使人备感神性的威慑。所以，中西方建筑美学观不同尺度的应用就在于空间环境中人与神的尺度的区别。因此可以说，中国建筑空间尺度是以人为本的，而西方建筑空间尺度是以神为本的。另外，宫殿建筑又是帝王威权神化了的象征，其所具有的某些"神性"自不待言，但作为生活在世间的君主们居住和活动的场所，在世俗的文化氛围中，这些所谓的"神性"必然有所消解和淡化。中国文化的"官本位"与"帝王独尊"意识，也必然决定着宫殿建筑所具有的"人本"本色。

　　中国传统建筑是人本主义的，它着意于表现现实的世界，而不向往彼岸的天国；不再要高度的向上追求，而是采取依附于大地的近人的尺度；不以高大、笨拙的体量取胜，而是以平面的组群见长，是理性与浪漫的和谐交织。这种观念和品格，与西方古代建筑形成强烈的反差。

（二）西方建筑的神的尺度

　　在中国古代城市中，主体性的建筑一般为宫殿、官署，在这里，居住着尘世中的君王和权力拥有者。而在西方古代城市中，主体性的建筑则是宗教建筑，从古希腊的神庙到中世纪哥特式教堂，一直延续了2000多年。这些宗教建筑既是天国神灵、上帝的象征，又是举行大规模宗教仪式活动的场所。因此，无论是从其功能要求的角度来看，还是从其精神象征的角度来看，西方建筑都是体量巨大的。这在一定的程度上也使得西方建筑的尺度要比中国建筑的尺度大。总体来说，西方建筑以超人的尺度，也就是神的尺度为特征。

自从有了人类，就有了人与自然的抗争，而自从人类有了信仰，也就有了人与自然的对话，或者说有了人与神灵的对话。从精神层面来看，西方古代建筑也反映着人与神灵的调和与冲突，神的尺度贯穿着西方古代建筑发展的整个历史过程。

"建筑"一词，源自古希腊，其初意并不是指普通人日常起居的房子，而主要是指那些献给希腊诸神的庙宇，如著名的帕特农神庙，就是献给雅典卫城的护卫女神雅典娜的。古希腊人生活在一个神的世界里，在他们的精神生活中，神无所不在，神创造了世界，也是统治世界的主宰。从个体到群体，从家庭到社会，神构成了一切的核心，几乎每一幢房子里都有祭祀神的场所，人们日常生活中的每一件事情，也无不与对神的崇拜和祭祀有关。虽然，在古希腊的文化观念中，神性与人性有时意义同构，但古希腊神庙的文化意蕴，却总是笼罩在神的灵光中，流溢着神的灵性。

古希腊建筑和谐的比例关系与优美的结构造型，是对完美的神的尺度的具体运用。几乎所有的建筑史家和建筑评论家都一致认为，古希腊的神庙建筑对黄金分割定律的发现和绝妙应用，正是古希腊建筑神的尺度的重要体现。因为在他们看来，数乃万物之源，数的原则和数量关系都是由神规定的，只有和谐的数量关系，才能体现出最完美的神性。古希腊神庙是神、人亲和的场所。它的美体现了神性的人与人性的神的完美结合。因为在古希腊人看来，对人的崇拜实际上也就是对神的崇拜。

如果说古希腊建筑的神的尺度，以优美为审美特征，以数的和谐为外在表现，体现了神与人的高度融合与统一，那么古罗马则把人提到了神的高度，认为世俗的人就是神性力量的有力体现。超大体量的世俗建筑以壮美的形象成为古罗马显赫威势的无声证人。它既是对神的具体的赞美，也是崇高神性的世俗表现。

古罗马建筑与古希腊建筑相比较，有两点变化是非常显著的：第一，古希腊人更注重建筑的外观造型，而古罗马人则更注重建筑的内部空间；第二，与古希腊建筑相比，古罗马建筑运用的是超人的尺度，有着明显的纪念性特征。

在古罗马人的心目中，帝国的强大、社会的繁荣都是神的安排，皇帝就是从天国来到人间造福一方的真正的神。这种发自内心地对神（皇帝）的顶礼膜拜之情，使他们在情感、意志等方面完全趋向了神，而被奉为神的皇帝也在臣民的崇拜与敬仰中化身为神。可以说，古罗马人就生活在神的现实世界中。修宫殿、建别墅、架高桥、铺道路，成为古罗马人建筑活动的主题。比如，作为强大古罗马帝国标志的大角斗场建筑呈椭圆形，长轴为 188 米，短轴为 156 米，周长为 527 米。中央是表演区，也是椭圆形的，长轴为 86 米，短轴为 54 米，外围排列着层层看台，约有 60 排座位，可容纳 5 万人。只有势力强大的古罗马，才能建造出体量如此庞大的建筑；也只有如此庞大的建筑，才能体现出神的力量的强大。而一旦离开了神性，这样庞大的建筑是难以建构的。因此，大角斗场不仅是神的威势和人的力量的一种确证，还成为一种信仰而存在于人的心中。

从公元 4 世纪起，欧洲进入神学统治长达一千余年的中世纪。神是至善至美的化身，人唯有按神的尺度来建造建筑物，才能达到"十全十美"的神的彼岸。

17 世纪英国的一本出版物上宣称，耶稣会的教堂"利用一切可能的发明来捕捉人的虔信心和摧毁他们的理解力"。如果说古希腊人崇拜神最终还是崇拜人，古罗马人把人当作神来崇拜，那么，基督教则是要彻底否定人，把一切荣耀归功于神。这种差别反映在建筑美的尺度上，也就构成了古罗马建筑与中世纪建筑两种不同的大尺度。古罗马建筑是超人的尺度，它象征着人的非凡力量和征服一切并获取胜利的荣耀，它能激动人心，唤醒潜伏在意识深处的征服欲，使人感到骄傲和自豪，也就是在这种意义上，我们说古罗马建筑是把人当作神来加以崇拜的。而基督教建筑则不然，它完全是神的尺度，其目的是彻底摧毁人的自信心、尊严、征服欲，使人彻底地匍匐于上帝的脚下，乞求神的恩赐。在这里，神是伟大的，而人则是渺小的。神与人、此岸世界与彼岸世界有着一道深深的鸿沟。

哥特式教堂是中世纪建筑的典型代表，具有鲜明的个性特征。从外观造型看，钟塔、小尖顶、飞券、山花、墙垣、瘦高的尖矢形窗子和无数的柱壁等构件上端都是尖的，在主教堂的周身布满密密的垂直线，共同汇聚于钟塔之上的大尖顶，直刺苍穹，造成向上升腾的动势，体现出人们对天堂的渴慕与向往。好像唯有如此，才能缩短与彼岸天国的距离，聆听上帝或神的教诲，沐浴上帝或神的恩泽。而从其内部看，它几乎是一个完全与外界隔绝的空间，彩色的玻璃窗子，饰以《新约》故事为题材的窗景，在幽暗的光影变幻中，透射出五彩缤纷而又扑朔迷离的审美效果，营造出神秘的宗教气息。幽闭的空间正可供基督教团体的集会和收敛心神之用。收敛心神，就要在空间中把自己关起。不过基督教心灵的虔诚同时也是一种对有限事物的超越，而这种超越也决定了基督教堂的风格。

人与神的调和与冲突，构成了西方古代建筑的文化主题。从总体特征看，西方古代建筑以神的尺度表现了神性的崇高。冥冥之中的神和上帝被奉为至高无上的造物主，因而侍奉神和上帝的神庙与教堂，也就成为最高等级的建筑类型。神是完美的，也是超脱和永恒的，用完美的神的尺度来进行营构，也正是他们对超验和永恒的神的渴慕与向往的最好表达方式。

第四章　中国传统建筑美学的传承与发展

中国建筑的美学思想根源始于华夏民族最初的审美意识，这种审美意识是原始先民在实际的生产、生活中的点滴积累和再现。中国古建筑体现出博大精深的文化内涵，这些建筑物与它们的地域、文化、民族心理契合得非常紧密，是华夏民族审美理想和审美理念的生动再现。

第一节　中国传统建筑形式中的美学表现

一、传统建筑形制的美学表现

（一）古城宫殿之美

都城和宫殿是国家产生的象征和标志。虽然它们植根于质朴而简单的民居，是在民居的基础上逐步发展、完善、升华而成的，但它们所体现的是当朝建筑的较高标准和当时主流文化及统治者的意志，这虽然有实用功能方面的考虑，但更多的是为了显示自己至高无上。为了满足其穷奢极欲的享受，历代帝王大都倾举国之力，集域内乃至域外的能工巧匠，聚稀世珍宝，务求其豪华堂皇。故宫殿建筑成为当时建筑的精华，充分体现出那个时代的设计思想和工艺水平。

城市是人类聚居地的扩大，随着国家的产生，城市成了统治专制、经济往来和生活享受的基地。历代城池的营建总是力图在这个基地里体现王权礼制和秩序。都城与宫殿的形制作为一种建筑语言，体现着统治者对国家的统治意念。统治者为了达到稳定社会、协调各阶层之间关系的目的，必然会重视建筑群体的整体效果，重视向平面展开的群体组合和布局，单体建筑的风格要完全服从建筑组群的需要，成为融入群体的建筑符号。这种统治意念"转化为"建筑语言，从建筑原始的向心倾向，发展到严格中轴对称、中为至尊的规划布局，总体上体现了王者至上的政治伦理观念。

1. 古城宫殿的建筑特点

宫殿建筑是最具代表性的中国建筑，是皇帝为了巩固自己的统治，突出皇权的威严，满足精神生活和物质生活的享受而建造的规模巨大、气势雄伟的建筑物。这些建筑大都雕梁画栋、巍峨壮观。按照庭院式布局的特点，中国古代宫殿建筑一般都采取严格的中轴对称的布局方式，庭院被分为"前朝后寝"两部分："前朝"是帝王上朝治政、举行大典之处，"后寝"是皇帝与后妃们居住生活的所在。这种"前朝后寝"的布局方式是我国民间"男主外，女主内"的模板，其中体现的是男权主义的威力和霸主地位。

中国的建筑历史是与世俗皇权紧密相连的。宫殿和坛庙建筑，是中国历代王朝呕心沥血的杰作。

古代宫殿建筑的位置在都城中央，周围环以城池。古代都城主要分为军事功能及社会功能。因此，对外能够御敌，对内便于管理是进行都城建设的基本要求。

纵观历史，最早记录都城和皇宫布置的典籍是《周礼·考工记》，它成稿于西周，规定了"匠人营国，方九里，旁三门。国中九经九纬，经涂（途）九轨。左祖右社，面朝后市"的都城规格，即九里见方，每边设三门，共十二门。城中纵道九条，横道九条，每条道路宽可七十二尺，道路最宽可并列通"九轨"，即九辆车。都城在其东面设祖庙，西面建社稷坛，前面是王宫建筑，后面为市场居民区。街道呈"井"字形棋盘格式，而在中央大道的交叉中心上，便是皇宫，一般皇宫占全城面积的九分之一。

《周礼·考工记》制定的这一法则是逐步被贯穿下来的。秦汉时期的宫城布置并没有沿袭周朝的礼法制度。秦宫布置是"二元构图的两观形式"，即中轴线的正南方向是主要入口处，两宫分左右立于两侧，其他宫廷建筑也分成两组，立于干道两旁。两汉宫室也基本上沿用秦制，宫殿入口处两边往往立有类似门阙作用的高观。张衡在《西京赋》中所说的"览秦制，跨周法"，表明了汉宫也没有受周代制度的影响。

一直到宋朝宫殿创立了"前三朝，后三朝"之后，《周礼·考工记》的这种都城建制才为封建统治者奉为正规的宫殿制度，并沿用下来。

明朝北京城是在元大都的基础上改建和扩建而成的。为防备元朝残余势力的侵扰，明朝皇帝将元大都城内较空旷的北部放弃，将北城墙南移了五里，在永乐皇帝1420年正式迁都北京之后，又将元大都的南城墙向南推出，以保护繁华的南部商业区。

作为明清都城的北京城是环形布置的，分为内城、外城、皇城、宫城，"内九外七皇宫四"的顺口溜表示各城城门的数量。北京内城有九座城门，用途各不相同。正阳门俗称前门，居中，高峻挺拔，是北京内城的正门，专供皇帝出入；崇文门走酒车；宣武门走押送犯人的囚车，通菜市口刑场；安定门走粪车；德胜门走出征和班师回朝的军队；内城东直门走运木材、木炭的车；朝阳门走运粮食的车；西直门走给故宫送水的车；阜成门走运煤的车。

北京皇城的正门是天安门，明永乐年间在北京建都城时就已建成，当时叫承天门，表示皇帝"受命于天""奉天承运"。清顺治八年（1651年），将宫城三大殿一律改为太和、中和、保和；而将皇城正门命名为天安门，其余三门分别改称地安门、东安门、西安门，以祈求"外安内和"。

宫城即我们现在所说的故宫。在古代，为了表达对天子的敬畏，古人用星座（紫微垣）来比喻帝王宫殿。帝居在秦汉时又称为"禁中"，意思是门户有禁，不可随便入内。因此，故宫又被称作紫禁城。"前朝后寝，左祖右社"，故宫的布局是严格地按《周礼·考工记》中的帝都营建原则而建造的。其建制按传统的中轴线和两侧对称布局，中轴线上的建筑及两侧建筑依照"前朝后寝"的建制分开。前朝即帝王理政之所，是治国之区域，是封建皇帝行使权力的主要场所，具有浓郁的政治文化色彩。后寝为理家之地，是皇帝、后妃、皇子居住的地方，具有"家"的生活情调，外人不得擅入。

整个故宫在建筑布置上的一砖一瓦都体现着皇权至上的思想，利用形体变化、高低起伏的手法，使其组合成一个整体。在功能上符合封建社会的等级制度，同时达到左右均衡和形体变化的艺术效果。它标志着中国悠久的文化传统，显示着500多年前匠师们在建筑上的卓越成就。

2. 古城宫殿的审美意识

宫殿建筑位于都城的中心宫城内。历代匠师都力求将国内最精良的建筑材料用于宫殿建筑，大木作、小木作的技艺水平都是一流的，是中国古代建筑文化的精华部分。在宫殿建筑中，凝聚着中国传统的建筑审美意识。

（1）崇尚阔大的建筑空间意识

所谓阔大，就是指建筑物虽然一般不显高峻，但却具有群体组合、横向铺排的特点。这种崇尚阔大的建筑空间意识，除了要有发达生产力的支撑以外，更与中国古代的"宇宙"观密切相关。"宇宙"一词，最初含义其实是"大房子"。"宇"的本义是屋檐、屋边："宙"的本义是栋梁。故《易传·系辞下》有"上栋下宇，以待风雨"之说，指的就是房子。宇、屋檐，进一步代指围合的空间；宙、栋梁，必须耐久，通时间。广大持久，为空间、时间，故"上下四方为宇，古往今来为宙。"这样，"宇宙"一词就由大房子的具体指事而向抽象转借的深层意思发展，引申为横际无涯的抽象"宇宙"概念，这其实是人类思维发展的一个必然过程。

因此，在古代中国，垄断了社会经济力量与科技力量的封建帝王自然就会建造雄硕阔大的宫殿及都城。这种追求阔大的行为，也许是自觉的，也许是不自觉的，其根源是实用、审美、崇拜三种需要积淀为一种深层潜意识的结果。

（2）城市布局以中为尊

原始聚落居住区中的"大房子"中住的氏族部落首领，随着阶级的产生而成为贵族。阶级分化又使得贵族和平民产生矛盾，另外各部落之间互相进攻，为防止其他氏族部落的进攻，外造城郭以防范平民的不满而筑沟墙，即所谓"诸城以卫君，造郭以守城"。从周代起，由聚落扩展而成的都城出现了。与原始聚落相比，都城一是面积扩大，二是有了中轴对称的形制。早期的周都城接近方形，宫殿位于中央，且周围建筑呈对称布局，这就是周朝城市规划中所应用的中轴对称规律。

方形平面形制，一方面体现了古人天圆地方的观念，且王者居中，便于对属下千邦万国的全方位统治；另一方面，"国方九里""国中九经九纬，经涂九轨"中单位数字最高者"九"字的反复使用，体现了帝王"九五之尊"之位。可见，周王城之制，反映了周人择中营王国"以土中治天下""居天下之中"的王权至上思想。

"棋盘式"是封建社会理想的都城形制，其道路南北纵横交叉成网络状。这种建筑形制，体现了组织严密且严厉的政治伦理模式：生活在中心周围的不同阶层的人们，好似棋盘中心的棋子，便于中心之王的统治与管理，这是一种偏于冷峻的建筑文化。

（3）憧憬和谐的理想境界

中国文化的灵魂是和谐，和谐的最高境界是天人合一。儒家思想贵"和"，体"仁"，尚"中庸"，是天人合一思想的具体化。皇权统治者所在的宫殿把这一理念自上而下地贯穿下来，统率着宫殿建筑的布局与名称。

天地之和贯穿到人间是诸种人际关系之"和"。比如，故宫太和门外的文华殿、武英殿连同其大门"协和门"与"熙和门"，象征文武英华、将相之和；以太和殿为代表的主体建筑与整个故宫其他建筑的呼应，象征君臣之和；乾清宫、坤宁宫，即乾坤清宁，象征夫妻之和；日精门、月华门，即日月精华，象征阴阳之和；有象征十天干的乾东五所和乾西五所，就有与之相对应的象征十二地支的坤东六宫和坤西六宫，等等。以"和"命名的建筑随处可见，如清有太和殿、中和殿、保和殿、体和殿、感和殿、太和门、协和门、熙和门，等等。

"和"的具体体现就是"仁"，"仁"即二人相和。于是故宫也多有以"仁"

命名者。明朝有景仁宫、崇仁门、仁德堂、仁德门、仁荡门；清朝有体仁殿、体仁阁、景仁宫、仁祥门。仁是为人，处事则要"中庸"，要不偏不倚把握"度"，既不过也不不及，因为"过犹不及"，要"执两用中"，既知道何谓"过"也知道何谓"不及"是执两，只有这样方可用中。要以"中"为美，于是故宫也多有以中命名者。明朝有中极殿；清朝有中左门、中右门，等等。

命名起到提纲挈领、反复提醒的作用，通过不断地提示与灌输，逐渐把儒家思想由外而渐化为内在的灵魂与血肉，最后达到中正仁和。在整个故宫建筑群中，处处都体现着儒家所倡导的种种关系之"和"。

（二）坛庙建筑之美

坛庙建筑是中国古代的祭祀建筑。根据祭祀对象的性质，这类建筑大致可以分成坛类建筑和宗庙建筑。

1. 坛类建筑

早在秦汉时期，统治者就建立了祭祀天、地、山川和祖先的完整礼仪制度，并把它作为国家大事。大祭时，主祭皇天上帝，配祭皇帝列祖列宗以及带给大地丰富食物的日月星辰和云雨风雷。为了凸显祭祀的隆重和庄严，还专门修建了与之相配套的建筑。此后各代礼仪的具体内容和形制虽有所不同，但强调祭祀天、地、祖宗的基本思想却贯穿始终，其建筑也成为正统国家的象征。明清时祭祀每年举行三次，由皇帝亲自主持。正月上辛日到祈年殿举行祈谷礼，祈祷上苍保佑五谷丰登；四月吉日到圜丘坛为百谷祈祷风调雨顺；冬至到圜丘坛禀告五谷收成。

人类社会在自身的生存与发展中产生了两种关系：一是人与自然的关系；二是人与人的系。坛类建筑反映的是人们对人与自然关系的认知，是在这种认知基础上进行祭祀活动的建筑。

（1）天坛

帝王郊祀是一种祭祀的大典。古代祭祀对象有皇天上帝、日月星辰、司中司命、风师雨师、社稷、五岳、山林川泽、四方百日等。汉武帝定郊祀之礼，因冬至在南郊祭天，夏至在北郊祭地，所以称祭祀天地为郊，表示敬事上帝。古人认为这是国家大事，所以将其在各种礼仪中置于首位，成为"五礼之首"，从汉代以后一直延续下来。

天坛建于明永乐十八年（公元1420年），仿照南京形制而建。初建时合祭皇天后土，在大祀殿举行祭典。嘉靖九年（公元1530年），嘉靖皇帝听大臣言："古者祀天于圜丘，祀地于方丘。圜丘者，南郊地上之丘，丘圜而高，以象天也。方丘者，北郊泽中之丘，丘方而下，以象地也。"于是决定天地分祭，在大祀殿南建圜丘祭天，在北城安定门外另建方泽坛祭地。嘉靖十三年（1534年）圜丘改名天坛，方泽改名地坛。

天坛占地四千亩，合270万平方米，相当于北京紫禁城三倍之多，是我国现存最大的古代祭祀性建筑群。它由内外两重围墙环绕，整个建筑平面呈"回"字形；北面围墙高大，呈半圆形；南面围墙略低，方形。这是传承"天圆地方"说的古制，又寓意"天高地低""天尊地卑"。天坛建筑群落如同中国其他古建筑一样，由一根主轴线贯通。这根主轴线上分布着南北两个主要的建筑群落，南部为圜丘坛，北部是祈谷坛，中间被一条高4米、宽30米、长360米的"丹陛桥"连通。

（2）圜丘坛

圜丘坛为三层同心圆坛，此为名副其实的天坛，故还有神坛、祭坛、祭天台、拜天台之称。作为祭天之所的圜丘坛，其最独特之处是以远古露天郊祭为原型的。所谓"郊天须柴燎告天，露天而祭"，它由三层圆形汉白玉石台叠落而成，造型简洁质朴，上覆天宇下承黄土，披星戴月，"坛而不屋"，是人工建筑融入宇宙天地空间的磅礴构思。坛四周有森林植被，环境肃穆，引人情接蓝天，融入开放的宇宙大和、太和的广袤境界中。

由于古代把一、三、五、七、九等单数称为阳数（又叫天数），九又是阳数中最高的，常被用来表示天体的至高至大，所以圜丘坛所有的石板、石栏、栏板以及四面的台阶都与九有关。例如，坛中心是一块圆形的大理石，名为"天心石"，从中心向外，三层台面，每层铺九圈扇面形状的石板，上层第一圈是9块，第二圈是18块，第三圈是27块……依此类推，到第九圈是81块。又如，四面栏板上层是72块，中层是108块，下层是180块，共360块，正合周天360度。这些巧妙的数字设计无一不体现出君权神授的封建思想，体现出君王与天相通的特异性以及君王的霸权和威力。圜丘坛台面中心的天心石又叫"亿兆景从石"。"亿兆"是形容百姓之多，"景"即影，"景从"是紧相跟随。因为站在天心石上的人，听到自己发出的声音，觉得格外响亮，仿佛是有亿万人在应和。皇帝把这看成是天下万民对朝廷的心和响应，其实这是利用了回声原理：天心石的半径较短，声波传到四周石栏，迅速反射回来，回音太快，只有0.7秒，与原音混在一起，就会使发声者觉得自己的声音特别响，所以站在天心石上一声号令，恍如亿万民众的回应之声，满足了君主的集权统治思想。

（3）祈年殿

祈年殿是天坛另一主要建筑群落祈谷坛的中心建筑。整个建筑不用大梁长檩及铁钉，完全依靠柱、枋、桷、闩支撑和榫接起来，俗称无梁殿，是中国古典木结构建筑中的一大奇观。

殿内托起三层巨大屋顶重量的是环列而立的 28 根天象大柱。中央四根鎏金缠枝莲花柱是"龙井柱"，也称"通天生"，象征一年四季；中层十二根朱红漆柱是"金柱"，象征一年 12 个月；外层十二根是"檐柱"，象征一日 12 个时辰。金柱檐柱相加为 24，象征一年二十四节气；金柱、檐柱、龙井柱相加为 28，象征天宇 28 星宿；龙井柱上端的藻井周围有八艰铜柱环立，称"雷公柱"，如专司惩恶遏恶主正义之神的雷公高高在上，金柱、檐柱、龙井柱、雷公柱相加为 36，代表 36 天罡，象征天帝的"一统天下"

祈年殿外形高大壮硕，却又优美典雅。整个建筑以圆形表达年、月、日、时，循环往复，周而复始，表达了"无极生太极，一生二，二生三，三生万物"的繁衍过程又是"万物复归于三，由三而一，一复归于无"的回升过程。整个造型比例完美，色彩和谐，是一部造型优雅、生动立体的宇宙演化史书。

2. 宗庙建筑

与坛类建筑相比，宗庙建筑反映的是对人与人关系的认知，是在这种认知基础上进行祭祀活动的建筑。《释名》曰："宗，尊也；庙，貌也，先祖形貌所在也。"也就是说，宗庙是放着祖先画像及牌位、供后人尊祭的所在。中华民族历来崇拜自己的祖宗，追本求源，主孝报恩是中国人一贯的文化意识。这是对生命认同与尊崇的表现。明清时期，皇帝将宗庙与祭天拜地、祈求丰年的祭祀性建筑分开，将宗庙的功能单一化，变成了祭拜祖先的专用场所。

（1）礼制规范

由于宗庙建筑具有功能性，因此在进行此类建筑活动时，需要遵循严格的礼制规范。概括来讲，分为"左祖右社"之制和"左昭右穆"之制。

"左祖右社"中的"祖"，位于宫城的左边，是皇帝家族的祖庙，后来又称太庙。今日能够看到的帝王祭祖的宗庙仅有北京太庙一处，在今天安门东侧劳动人民文化宫内。太庙始建于明永乐十八年（公元 1420 年），是供奉皇族祖先和已故历朝皇帝灵位的地方，是明清两代皇帝祭祖的家庙，与故宫、社稷坛同时建造。为了突出祖先崇拜的文化底蕴，其在建筑及其环境设计上颇具特色。

整个建筑群处于三重又厚又高的围墙包围之中，在内外两重围墙之间留有很大的空地，密密地栽植着成片高大的古柏树，使主建筑群处于一个与外界隔绝的环境之中，以造成庄严肃穆的气氛。外围墙门是琉璃砖门，入门是一条两端弯曲的河渠，上跨七座石桥。对面是一座七开间的门楼，为典型的明代宫殿样式。太庙的主建筑是享殿（前殿），面阔十一间，重檐庑殿黄琉璃瓦屋顶，下面是三重汉白玉雕的须弥座台基，其等级完全与皇帝的金銮殿相同,殿高比故宫太和殿还高2米,其木结构部件制作之精细、用料之考究也是首屈一指的,于此也表示尊祖的程度。享殿的主要梁柱外面均用沉香木包裹,其余木构件都用金丝楠木制作,天花藻井及主要柱身皆贴金花。殿宇檐角曲线俏丽,出挑深远,虽不及唐代屋宇之雄浑,但又不像清代屋宇那样高耸。虽然经过了清代的修缮改建,但大体上还保留了明代的风格,与明十三陵的棱恩殿一样,是北京保留最完整的明代建筑之一。

皇帝家族的宗庙称太庙,老百姓家族的宗庙则称祠堂,也叫祖庙、家庙。一般官宦家族是左(东)庙右寝。帝王的太庙在建筑艺术方面与宫殿等官式建筑接近,规模、尺度较大,等级较高,而祠堂则遍及全国各地,更多地体现出地方建筑材料、技术和艺术的特色。

在民间,族姓的家庙还具有教化和集合等功用。乡间的祠堂很多时候也是私塾或学校的所在地;宗族有大事讨论也每每在祠堂内举行。如果族中有子弟穷得买不起房子,也可像鲁迅先生笔下的阿Q那样,暂时在祠堂中栖身。从这个意义上讲,宗庙建筑对于古代中国人来说,是凝聚家族的核心场所,是不可缺少的。

"昭穆"是古代的宗法制度,规定在宗庙和墓地的一辈人和一辈人的排列次序。《周礼·春官》记载了"先王之葬居中,以昭穆为左右"的规范。始祖居中,二世、四世、六世在始祖左边,为昭;三世、五世、七世在右边,为穆。以先祖灵位为中心,后世灵位成"携子抱孙"之势。

古代对宗庙级别的规定是很严格的。《礼记》规定:"天子七庙,三昭三穆;诸侯五庙,二昭二穆;大夫三庙,一昭一穆;士一庙,庶人祭于寝。"

(2)孔庙的审美意蕴

在中国古代宗庙建筑中,祭拜孔子的孔庙是分布最广、规模最大、体系最完整的特殊类型的宗庙,也是中国传统宗庙建筑审美意识的典型代表。本书仅对曲阜孔庙做介绍。

曲阜孔庙整个建筑群体包括三殿、一阁、一坛、三祠、两堂、两斋,共464间,另有54座门坊,庙内两千余块碑碣,占地约14万平方米,南北全长1 300米。

曲阜孔庙由南而北分为8进,前3进院落或为横长或为正方,中轴线上建有2座门屋、4座牌坊和1座石桥,院内广植柏树,是全序列的前奏。前两进的东、西墙上都有门通向庙外南北向街道。第4进的大门称大中门,由此至全庙北界周围有高大围墙,四角建角楼,表明自此以后才是孔庙的主体。大中门内隔同文门是高大的奎文阁。阁两层三檐歇山顶,左右各连一掖门,再以围墙转折向前包成凹形,然后向左右伸去,类似北京(明清)明清宫城紫禁城正门午门的布局。此墙内与奎文阁平行的东小院是皇帝驻跸之所,西小院是斋宿房屋。第5进横向，列历代碑亭13座，其东西横路出毓粹门、观德门连通城市东西干道，东干道上有鼓楼，楼北即衍圣公府。由此院往北分东、中、西三路。中路最宽，以廊庑围成纵长大院，院门大成门内建重檐十字脊顶的杏坛，院后部为全庙主殿大成殿。

大成殿建在白石台上，前连月台，殿面阔7间，四周围廊，重檐歇山黄琉璃瓦顶，檐柱全为石柱，正面10柱且满雕盘龙。殿内供孔子牌位，殿后有寝殿供孔妻牌位。左右廊庑列孔门弟子及历代贤哲共156人的牌位。东西两路各连接两进院落，为乐器库、礼品库及举行次要祭祀的场所。寝殿后的小院是第8进，中为圣迹殿，东西为神庖、神厨。

曲阜孔庙是当今建筑规模最大，也是保存最完善的宗庙建筑，其保存的诸多文化遗存和厚重的审美意蕴使它的布局形态被各地孔庙模仿，成为宗庙建筑的一个标杆。

（三）陵寝建筑之美

中国古代陵寝建筑在美学风格上与宫殿建筑联系比较紧密。帝王威权冠于天下，因此帝王陵寝建筑的繁荣也是世所罕见的。

古代的人们相信，人死后灵魂不灭，并根据生前所作所为，灵魂或者上天，或者入地。这种认为死后灵魂不灭的思想，不但在民间百姓中根深蒂固，皇室帝王也未能例外。因而，其臣属在帝王陵寝对陵主洒扫献食等就成了每日必修的功课。

古代帝王陵寝就是建筑在上述灵魂不灭及对先祖与天地崇拜的信仰基础上，表现为"事死如事生"之礼。因此陵寝建筑大多具有尚高、尚大、尚威的风格，浸透着严格的封建政治等级观念。

1. 尚高

中国最早的墓葬，原是"墓而不坟"的。"墓"者，"没"也，埋没。尸骸葬于地下，地面上没有封丘，不见标志与痕迹，东汉崔寔《政论》称："古者墓而不坟，文、武之兆，与地平齐。"早于《政论》的《易经·系辞下传》亦说："古之葬者，厚衣之以薪，葬之中野，不封不树。"也就是说，以不封土为坟，墓前不种树为帜。

在墓地封土为坟的做法，据传起源于春秋时期。孔子重礼，为了便于祭祀，便在其父母的墓地上封土。后来，这种封土为丘的做法，被渐渐地赋予一定的文化内涵，即以坟的不同高度，象征死者的身份与地位。身份地位越是显贵，其坟封土越高。

在战国时代，君主已有坟墓尚高的审美与崇拜意识。后来，历代帝王的坟墓被称为"陵"或"山陵"，意思是帝王坟墓如山陵一般崇高，已渗透着森严的等级观念。尚高的审美与崇拜意识，源于生存与发展的本质需要，因为高在获取阳光方面就占得先机，皇家天子的绝对权威不减于生前，事死如事生，也体现着古代灵魂不灭的思想。

2. 尚大

帝王陵寝建筑，其实是皇室宫殿建筑的翻版，同样体现着封建王权求大求奢的建筑风格。

根据目前的考古发现来看，中国历史上最大的陵墓是秦始皇陵，位于陕西临潼骊山，现存陵体为方锥形夯土台，东西 345 米，南北 350 米，高 47 米。陵北为寝殿和便殿建筑。这些建筑今天虽已荡然无存，但在其遗址中发现，所用瓦当比一般建筑物（如汉代的）大 2～3 倍，半径达 0.5 米的半圆形状，由此可以想见秦陵的壮伟风格与巨大尺度。

秦始皇整个陵园坐西向东，分为四个层次，即核心部位的地宫、内城、外城和外城以外。秦陵地宫朝东，其中轴线与江苏连云港东门阙的纬度相同。兵马俑坑位于外城垣的东区。秦陵 1.5 千米的东侧有三个俑坑，呈"品"字形排列，东向，南一北二，出土陶质兵俑万件也均面朝东，战马 600 匹，战车 125 乘，其尺度与真人真马相当。法国前总统希拉克看后惊叹为"世界第八大奇迹"，此说从此传遍世界。

世界上目前陵区面积最大、陪葬墓最多的帝王陵是唐太宗李世民的昭陵，在陕西礼泉县东北 20 千米处的九嵕山，陵区范围占地 30 万亩（1 亩 =666.667 平方米），周长为 60 千米，陪墓竟达 167 座。其玄宫凿建于九嵕山南坡的山腰之间，掘进 250 米作为墓室，置石制墓门五道，墓门外奇峰绝崖，无路可通，故建三百米绕山栈道通于墓门。可以想见当时修建此陵工程浩大，非同寻常。

中国历史上修建时间最长的帝王陵是汉武帝刘彻的茂陵，修了 53 年，在陕西兴平市。汉武帝 16 岁登基，在位 54 年，是汉朝执政时间最长的皇帝，其陵墓高度也属汉朝皇帝之最，为 36.36 米。

如果不是由于受人力、物力与科学技术的局限，这种帝王陵寝建筑的尚大之风，本来是无止境的。比如，明太祖朱元璋的孝陵，仅采石一项就动用民工上万，耗时三年。所采石碑坯料之巨，世所未闻。那石碑碑身长达 60 米，宽 12.5 米，厚 44 米，体积 3 300 立方米，重 8900 吨（1 吨 =1000 千克），加以碑座、碑头的重量，总共竟达 17.7 万吨。因为当时实在无力搬运，只得将这庞然大物，遗落在南京麒麟门外的阳山。那种尚大的欲求，由此可见一斑。

3.尚威

尚高与尚大，其实本质上都是尚威的表现，高大方显威武、威严，为的是充分体现封建王权权倾天下的赫赫威仪。

古代帝王陵寝分地上、地下两部分。地上部分的建造，重在观瞻。这种建筑形象，蕴含着封建帝王富贵荣华、穷奢极侈的人生理想与人生态度，在于尽可能地重现皇室宫殿建筑的基本美学原则。因而，帝陵建筑的平面布置大多与宫殿建筑相仿，亦设中轴，求对称，讲递进，序高潮，如明朝十三陵。

明太祖朱元璋孝陵在南京市东郊紫金山南麓，其余13座帝陵均在今北京市昌平区东北10千米天寿山南麓，统称"明十三陵"。

明代皇帝迷信风水之说，非常重视陵址选择。明孝陵曾两迁寺院，十三陵选址历时两年才由数处备选陵址中选定。陵区选择在背山面水、诸山环抱、溪水夹绕的地区。明孝陵位于紫金山独龙阜玩珠峰下，背依群峰，面对平原，泉壑幽深，林木葱郁。明十三陵位于天寿山南麓，东、西、北三面群峰耸立，南面温榆河蜿蜒流过，山清水秀，景色壮丽。明十三陵以明长陵为主左右排列，形成相对集中的陵区，成为明代陵寝制度的一个显著特点。

明代各陵规模大小不一，但形制大致相同。朱元璋的孝陵和朱棣的长陵，因为一个是祖陵，一个是北京的首陵，规模都较大。其后各陵，凡是皇帝生前亲自督理修造的陵，都比较高大、讲究；死后由子孙办理修筑的，则规模较小，也较草率。明思宗朱由检自缢死后，葬于田贵妃墓中，规模最小。

明孝陵和明十三陵陵园的布局形制基本相同。整个陵园坐北朝南，分为前、后两部分。前部为陵园大门、神道，后部为陵寝、地宫。由陵门两侧随地势修筑垣墙环绕，各山口设关，置敌楼，派兵把守。陵园建筑历经破坏，已残缺不全，但多数遗迹尚存。

明十三陵四周沿山以片石或卵石砌筑围墙，山口处建有关隘，周长约34千米。陵区正门名大红门，居两山之中，东名蟒山，西名虎峪山，象征青龙、白虎分列左右，守卫陵寝大门。门前有一座高大的石牌坊和下马碑。牌坊为五间六柱庑殿顶，通宽约34米，高约11米，全部用汉白玉石雕成。托脚浮雕云龙，上立圆雕卧兽。大红门为单檐歇山顶建筑，下部有三条券洞，全部为砖石结构，红墙黄瓦，十分庄严雄伟。

门后为总神道，直达明长陵，长约六千米。南端有"大明长陵神功圣德碑"亭，亭为方形楼阁式，重檐歇山顶，四面有门洞。碑高6.5米，下为巨大龟趺座。碑文长达3000余字，由明仁宗朱高炽撰写，记述明成祖一生经历。碑的背面刻清代乾隆皇帝"哀明陵三十韵"诗，两侧还刻有乾隆、嘉庆时修复明陵的记载。碑亭外四角各立白色石华表一座，上雕云龙纹。碑亭以北长约800米的神道两侧仿照明孝陵立石像生，共有狮子、獬豸、骆驼、象、麒麟、马各四个，皆两卧两立；文臣武臣各四个，另增加了四勋臣。石刻都用整块白色石材雕成，形象生动。神道北为华表石柱组成的三门牌楼式棂星门。再往北过温榆河上的七孔御河桥，便可直达明长陵。属于明长陵的这条神道，由于以后各陵都建在明长陵两侧，并设支道与其相通，而且各支道均不再设石像生，因此实际上为各陵所共有。

各陵园中以明长陵最大，保存最好。明长陵稜恩殿坐落在三层汉白玉台基上。每层都有栏杆围绕，栏板上浮雕云龙花纹。大殿面阔九间，进深五间，重檐庑殿顶，总面积近 2000 平方米，全部用楠木建成。殿内有 32 根直径在一米以上的本色大柱，中间四根为独木，高达 14.3 米。这样宏大的楠木结构，而且历经 500 多年，仍完整无损，在全国也属绝无仅有。明楼为方形高楼，重檐歇山顶，檐下嵌榜书陵名，楼中竖石碑，刻皇帝庙号、谥号。宝城直径约 340 米。

《荀子·礼论》说"礼者，谨于治生死者也"，如果"厚其生而薄其死"，"是奸人之道而背叛之心也"。中国古代帝王陵寝建筑大多奢华无极，崇尚厚葬，只有三国、魏晋南北朝时期由于战乱迭起，一些帝王(如曹操父子)既鄙视厚葬，又担心自己的坟墓被盗，一些帝王偏隅一方，无力亦无暇集天下财力修建陵墓，比较提倡薄葬，因而其陵制，无论地上或地下部分，比较矮小简陋，有的只相当于东汉时期一级地方官吏的墓葬形制。历代帝王的陵寝建筑如此尚高、尚大、尚威，是"生者"对"死者"的"饰"，也是"事死如事生"之礼的外在表现。

（四）传统民居之美

与其他建筑相比，民居是最早出现的一种建筑类型，数量最多，分布最广。

传统民居的形成与社会、文化、习俗等有关，又受到气候、地理等自然条件影响。中国土地辽阔，人口众多，各地气候悬殊，地理条件不同，材料资源又有很大差别，加上各民族不同的风俗习惯、生活方式和审美要求，造成传统民居的平面布局、结构方式、立面外观和内外空间处理也不相同，使得中国民居建筑具有鲜明、丰富的民族特色和地方特性。例如，在封建社会，血缘、亲缘、家族体系和农业生产方式决定了汉族人的家庭组织及其生活方式，在传统民居中就出现院落式布局方式，我国汉族民居大多属于此类布局方式。但是由于南北气候的悬殊、东西地理的差异，在北方干寒地区形成了四合院式民居，在南方湿热地区就形成了天井式民居，在中原黄土地带形成了窑洞民居，在沿海多台风和内陆多地震地区则形成穿斗式民居。人们在实践中所创造的技术和艺术处理经验，如民居建筑的通风、防热、防寒、防水、防潮、防台风、防虫、防震等方面的做法，民居建筑结合山水、地形的做法，民居建筑装饰、装修处理等，在今天仍有实用和参考价值，值得探索。

1. 四合院

四合院是北方院落民居的优秀代表，指东西南北四方合在一起的庭院，是四面为房子，中间为院子的一组建筑。以北京为主的周围地区所用的四合院，以中轴为对称，大门开在正南方向的东南方向，大门不与正房相对，也就是说大门开在院之东南。这是根据八卦的方位，正房坐北为坎宅，如做坎宅，必须开巽门。"巽"者是东南方向，在东南方向开门财源不竭，金钱流畅，所以要做"坎宅巽门"为好。因此北京四合院大门开在东南方向，这是根据风水学说决定的。

北京四合院的标准模式是一组三进院落。纵向称进，横向称落。沿街处开住宅大门，大门迎面是影壁，上多以砖雕为装饰。转过影壁，进入第一进院落，外院横长，可见一排倒座房、杂用房等。倒座房对面，是二进院落，中轴线上设有垂花门，是内宅与外宅前院的分界线和唯一通道。古代"大门不出，二门不迈"中的"二门"即指此门。这种门在结构上是用立在中间的柱子承受屋架，支撑着屋顶，屋架一边用了悬空不着地的短柱。古代工匠将这种悬空柱的下端加工成各种式样的花朵，轻巧美观，故称其为"垂花门"。垂花门彩绘华丽，造型轻盈，颇具形式感，多用在内院院门上，显示京味文化内藏锦绣和不事张扬的沉潜气质。

北京四合院所显现的向心凝聚的氛围，正是中国大多数民居性格的典型表现。关上大门便把外界的尘嚣挡在院墙之外，在院中赏花栽木，静心凝神，仰以观天文，俯以接地气，满足了道家清静自然的理想追求。打开大门又可以迅速投身于现实的世俗伟业之中，修身齐家治国平天下，实现了儒家积极入世的现实抱负，成为儒道互补的均衡载体。

2. 南方院落民居

南方中小型院落民居多由一个或两个院落合成，但各地又有自己丰富的式样。比如，浙江东阳及其附近地区的"十三间头"民居，通常由正房3间和左右厢房各5间共13间房组成三合院，都是楼房。三座楼两端高高耸出"马头山墙"，院前墙正中开门，左右廊通向院落外也各有门。全部转角均为90°，拒绝圆弧造型，这在中国民居中比较少见。此种布局规矩严谨、简单而明确，院落宽大开朗，给人以舒展大度、堂堂正正之感。东阳又是著名的木雕之乡，东阳木雕为中国四大木雕之一。东阳木雕以"清水"见长，特点是崇尚自然，不着漆色，刀技清峻平易，显得清雅质朴又气势不凡。在南方氤氲潮湿的气候下又兼白墙、小青瓦的结合，使东阳民居具有独特的建筑风格。

南方富家的大型院落民居由多个院落组成，典型的布局分左、中、右三路，中路由多进院落组成，左右隔纵院为朝向中路的纵向条屋，对称谨严，尊卑分明，前后分布呈"前堂后寝"格局。额匾多题些古德祖训等诲人不倦之词，雕刻凤戏牡丹、双狮抢绣球、刘海戏金蟾等故事传说，把人生的世俗追求同文化氛围糅合在一起，是大俗与大雅的完美统一。

园林式院落是江浙一带私宅园林的民居，一般为独立的带有花园的院落，或者依附于园林的院落。亭、堂、轩、楼掩映于秀山奇石、异花瑞木之中，辅以花地、小桥、长廊，曲径通幽，居室随地势而变化，阁楼因水形以俯仰，聚万物之精气，极天地之大观，境由心生，物随景迁，是首选的退隐闲居颐养终老之地。

南方还盛行一种天井民居。所谓"天井"，其实也是露天的院落，只是面积较小。以皖南、赣北、徽州地区最为典型。此类民居特点之一是高墙深院，这一方面是防御盗贼，另一方面有利于满足心理安全的需要。另一特点是以高深的天井为中心形成的内向合院，四周高墙围护，外面几乎看不到瓦，只通过狭长的天井采光、通风来与外界沟通。这种以天井为中心，高墙封闭的基本形制是人们关心的焦点。雨天落下的雨水从四面屋顶流入天井，俗称"四水归堂"，有财不外流的寓意。粉墙黛瓦是此类民居的造型特色，即民居建筑外围常耸起马头山墙，高出屋顶，利于防止火势蔓延，故又称封火墙。墙头轮廓作阶梯状，层次丰富，如骏马嘶鸣昂首蓝天，又似燕尾巧剪云霓，是南方建筑所特有的一种审美造型。墙面以白灰粉刷，墙头覆以青瓦黛檐，素面朝天，不施油彩，如老照片，有怀旧的美感。

3. 陕北窑洞民居

窑洞是一种特殊的生土"建筑"，不是用"加法"而是用"减法"，即通过"减"去自然界的某些东西而形成的合理的空间。窑洞分土窑洞、石窑洞、砖窑洞、土基子窑洞、柳椽柳巴子窑洞和接口子窑洞多种。窑洞是黄土高原的产物、陕北农民的象征，沉积了古老的黄土地深层文化。劳动人民创造了陕北的窑洞艺术。窑洞是自然图景和生活图景的有机结合，渗透着人们对黄土地的热爱和眷恋之情。

陕北的窑洞是依山势开凿出来的一个拱顶的山洞。由于黄土本身具有直立不塌的性质，而拱顶的承重能力又比平顶要好，所以窑洞一般都是采取拱顶的方式来保证它的稳固性。陕北的黄土高原具有土层厚实、地下水位低的特点，挖窑洞作民居，冬暖夏凉。窑洞民居可分为地坑式、沿崖式和土坯式三种：地坑式窑洞在地面挖坑，内三面或四面开凿洞穴居住，有斜坡道出入；沿崖式窑洞是沿山边及沟边一层一层开凿窑洞；土坯拱式窑洞以土坯砌拱后覆土保温。此外还有砖石砌的窑洞式民居。地坑式窑洞也见于黄土层厚的豫西平原地区，如河南巩义市的地坑式窑洞，常常是整个村庄和街道建在地坪以下，远远望去，只见村庄的树冠和地面的林木。地坑式窑洞顶上的土地仍然可以种植庄稼。甘肃东部也有这种地下街道。从西方环境建筑学家的观点看来，这种地坑式窑洞建筑是完美的不破坏自然的文明建筑。地下窑洞的组合，仍然保持北方传统四合院的格局，有厨房和贮存粮食的仓库、饮水井和渗水井以及饲养牲畜的棚栏，形成一个个舒适的地下庭院。窑洞在地段的利用、院落的划分、上下层的交通关系、采光通风和排水方面都有着很巧妙的处理方法。

陕北窑洞深可达一二百米，极难渗水。直立性很强的黄土，为窑洞提供了很好的发展前提。同时，气候干燥少雨、冬季寒冷、木材较少等自然状况，也为冬暖夏凉、十分经济、不需木材的窑洞，创造了发展和延续的契机。由于受自然环境、地貌特征和地方风土的影响，窑洞形成了各种各样的形式。从建筑的布局结构形式上划分，窑洞可分为靠崖式、下沉式和独立式三种形式。窑洞所需建筑材料少，所用工匠少，施工便利，不占用土地，不破坏环境，同时其防火，防噪音，冬暖夏凉，既节省土地，又经济省工，使得它成为因地制宜的完美建筑形式。

陕北窑洞的窗户也许是整个窑洞中最讲究、最美观的部分。拱形的洞口由木格拼成各种美丽的图案。窗户分天窗、斜窗、炕窗、门窗四大种类。黄土高原色彩单调，为了美化生活，窑洞的主人们往往以剪纸来装饰窑洞。很多出色的剪纸巧手剪出的各种窗花、炕壁花、窑顶花、婚丧剪纸等，造型各异、美观生动。尤其是过年过节喜庆之时，人们根据窗户的格局，把窗花布置得美观而又得体。窑洞的窗户是窑洞内光线的主要来源，窗花贴在窗外，从外看颜色鲜艳，内观则明快舒坦，从而产生一种独特的光、色、调相融合的形式美。

陕北窑洞作为一种经典的民居，也体现了人与自然、人与人之间和谐相处的思想。它以自然的方式偎依自然，以自然的方式去接纳人类，人、自然、窑洞、村落融为一体。窑洞在建筑色调上一般采用建筑材料的原色，黄色和青灰色是窑洞的两种主色调，与黄土高原的本色相得益彰。作为文化的载体，窑洞也承继了先民的淳朴传统。生活在窑洞里，白天看到的是天似穹隆、笼盖四野的开阔景象；晚上睡土炕，呼吸清新的山风，感受大地的脉搏。长期居住于窑洞这样一个缩小的宇宙之中，人们可豁然开朗，没有压抑感，更没有拘束感。窑洞的开放式品质,也养成了陕北人平和、憨厚、热情的淳朴民风和粗犷豪放的性格。尊老爱幼,互相协作,亲亲融合,邻里关系亲密和谐,人与自然得到内在的统一。

4. 客家土楼

土楼俗称"生土楼",因其大多数为福建客家人所建,故又称"客家土楼"。它以生土作为主要的建筑材料,掺上细沙、石灰、糯米饭、红糖、竹片、木条等,经过反复揉、舂、压建造而成。楼顶覆以火烧瓦盖,经久不损。土楼高可达四五层,供三代或四代人同楼聚居。

福建土楼的形成与历史上中原汉人几次著名大迁徙相关。西晋永嘉年间,即公元4世纪,北方战祸频仍,天灾肆虐,当地民众大举南迁,拉开了千百年来中原汉人不断举族迁徙入闽的序幕。进入闽南的中原移民与当地居民相互融合,形成了以闽南话为特征的福佬民系;辗转迁徙后经江西赣州进入闽西山区的中原汉人则构成福建另一支重要民系——以客家话为特征的客家民系。福建土楼所在的闽西南山区,正是福佬与客家民系的交汇处,地势险峻,人烟稀少,一度野兽出没,盗匪四起。聚族而居既是根深蒂固的中原儒家传统观念要求,更是聚集力量、共御外敌的现实需要使然。福建土楼依山就势,布局合理,吸收了中国传统建筑规划的"风水"理念,适应了聚族而居的生活和防御要求,巧妙地利用了山间狭小的平地和当地的生土、木材、鹅卵石等建筑材料,是一种自成体系,既有节约、坚固、防御性强的特点,又极富美感的生土高层建筑类型。这些独一无二的山区民居建筑,将源远流长的生土夯筑技术推向极致。

土楼有方楼、圆楼或方圆结合三种平面形式。圆形土楼最具特色,主要分布在福建龙岩市的永定区,仅该市一市就有7 000余座。方楼可以永定遗经楼为代表,圆楼可以永定承启楼及闽南龙岩、上柱一带为代表。土楼的特点是以一圈高可达五层的楼房围成方形或圆形巨宅,内为中心院,祖堂一般设在楼房底层与宅院正门正对的中轴线上,或在院内建平房围成第二圈,甚至第三、四、五圈。祖堂设在核心内圈中央,是祭祖和举行家族大礼的地方。楼内还有水井、浴室、磨坊等设施。外圈土墙特厚,常可在2米以上。与对外的封闭相反,土楼对内极为开放,每层内侧都有将各家连在一起的走廊。一、二层是厨房和谷仓,对外不开窗或只开极小的射孔,三层以上才住人开窗,也可以射击,防卫性极强,在中国古代"冷兵器"时期成为抵御来犯者的防御型民居样式。

围龙屋也属于土楼式民居,如福建永安市槐南乡洋头村的安贞堡是极为少见的清代大型围龙屋式民居。安贞堡随地势起伏而逐次升高，堡的大门前还有一块面积为 1200 平方米的操场，墙厚宅深，厚石垒砌加土夯制外墙，墙体四壁有射击孔，望窗，可全方位对外瞄准射击。堡前两侧凸建角楼，可居高临下，夹击正面来敌。正中拱形门顶设有泄水孔，可防火攻。堡内前后三进院落分为两层，木楼结构以穿斗式的构架为主，辅以抬梁式构架。在中轴线上层层排列，左右对称，每进三间，各有特色，既有整体美感，又有布局格式的变化。安贞堡共有 118 个厅堂，112 个厨房，5 口水井，大小房间 368 间，可供千余人居住。堡内雕梁画栋，壁画生动华丽。安贞寓"安从静后来，贞者事厚德"之意。

客家土楼苍劲古朴，地老天荒般的浑厚，圆如天外飘来的飞碟，方如气势宏阔的国之印玺，安落栖息在绿水青山之中，被外国学者誉为"世界上独一无二神话般的山区建筑模式"。

5. 少数民族民居

少数民族由于地理气候、民风民俗和宗教信仰的关系，在多民族独立又融合的聚居生活中，形成了自己特有的建筑审美风格。这些建筑大多仍保留着原生态的质朴，与自然环境融为一体，自由潇洒，不拘一格。

（1）藏式碉房

碉房，藏语称为"卡尔"或"宗卡尔"，原意为堡寨，多建于险峻的山石上，巍峨高耸，易守难攻。碉房多为石木结构，外形端庄稳固，风格古朴粗犷，外墙向上收缩，依山而建者，内坡仍为垂直。典型的藏族民居用土石砌筑，形似碉堡，通称碉房。一般为 2 ～ 3 层，也有 4 层的。通常底层做畜舍，上层住人，储藏物品，还有设经堂的。碉房平面布局逐层向后退缩，下层屋顶构成上一层的晒台。厕所设在上层，悬挑在后墙上，厕所地面开一孔洞，排泄物可直接落进底层畜舍外的粪坑中，以免除清扫的麻烦。设有两层厕所的，上下层位置错开，使上层污物能畅通无阻地落到底层粪坑。碉房具有坚实稳固、结构严密、楼角整齐的特点，既利于防风避寒，又便于御敌防盗。西藏农区（含半农半牧区）和城镇的民居，大都是二、三层的楼房或一层的平房，也有高达四、五层的建筑物。"屋皆平顶"是其共同特征。

据有关史料可知，"屋皆平顶"的藏式民居建筑式样和风格从至少有1000 年的历史。《新唐书·吐蕃传》云："屋皆平上，高至数丈。"由此可知吐蕃时期民居的建筑面貌。时过 1000 年后成书的《西藏志》，记述其时的西藏房舍："自炉至前后藏各处，房皆平顶，砌石为之，上覆以土石，名曰碉房，有二三层至六七层者。凡稍大房屋，中堂必雕刻彩画，装饰堂外，壁上必绘一寿星图像。凡乡居之民，多傍山坡而住。"这些记述与西藏腹心地区的民居情况基本相符合。

（2）傣族竹楼

傣族竹楼，是一种"干栏式"建筑。"干栏"是我国古代流行于长江流域以南的原始建筑形式，在南方各省区五千年前的新石器时代的遗址中，如浙江余姚河姆渡文化中，都发现了"干栏式"的建筑模式。它是从巢居演变过来的。古代南方地面潮湿，毒蛇猛兽多，人类不宜在地上露宿，只好"构木为巢，以避群害"（《易传·系辞》），渐渐形成了"干栏式"建筑，后来传遍云南与东南亚各国，发展出很多不同的类型。"干栏"也叫木楼、吊脚楼，壮族、侗族、瑶族、苗族、土家族、汉族都有。

傣族主要聚居地区在云南西双版纳。这里的地形高差变化较大，北部为山地，东部为高原，西部却为平原。全区气候差别也大，山地海拔达1700米，属温带气候；平原海拔750～900米，属亚热带气候；有的河谷平原，海拔只有500米，已经属于热带气候了。傣族人多居住在平坝地区，常年无雪，雨量充沛，年平均温度达21℃，没有四季的区分。所以在这里，干栏式建筑是很合适的形式。由于该地区盛产竹材，许多住宅用竹子建造，所以称其为"竹楼"。

傣家"竹楼"由两层组成。底层架空，无墙且不围栏，以养牲畜、堆放杂物为主，兼有通风防潮利于雨水通过的功能，也在一定程度上减少了虫兽的侵扰。楼上为生活起居、待客交往的场所，内部空间一分为二：一为堂屋，一为卧室，室内几乎没有家具。每户必有一凉台，绝大多数家务劳作都在凉台上进行，这与室内光线昏暗有一定关系。

从室外造型看，"竹楼"为歇山式屋顶，常设有偏厦，交错组合，屋面大而坡度陡，利于排水，并设重檐以防雨蔽日，外部造型形成只见屋顶不见墙的状况。室内室外极少装饰，一般仅山花处有一点，美学特征呈现质朴、自然的韵味，完全是材料与结构的自然流露。傣族全民信仰小乘佛教，世代生活在同一地区，民族认同感很强，社会安定、祥和。因此，以竹篱、竹墙为主要维护结构的"竹楼"防御功能形同虚设，其很强的通透性和开放性反映了傣族亲密、友好、和谐的良好社会关系。

（3）蒙古包

北方游牧民族的蒙古包是一种天穹式的建筑，呈圆形尖顶。蒙古包的门必须朝东或朝南，门前一定要干净、视野开阔，这与古代北方草原民族崇尚太阳的信仰有关。信仰多依于科学的生存原理，因为蒙古族居住在高寒地带，冬季又多西北风，为了抵御严寒和风雪以适应自然，便产生了这样的信仰，乃至成为一种习俗。按照传统习惯，草原牧民的作息时间，通常是根据从蒙古包天窗射进来的阳光的影子来判定的。据研究，很多面向东南方向搭盖的蒙古包，门楣上共有 60 根椽子，两个椽子之间形成的角度为 6°，恰好与现代钟表的时间刻度完全符合。这说明建筑形式尽管千变万化，但其都一定是围绕着人类的生存与发展的主题而变化的。

少数民族建筑蔚然大观，姿态纷呈。云南大理白族的"三坊一照壁""四合五天井"民居，丽江泸沽湖畔普米族、摩梭人的木楞房，贡山怒江沿江两岸怒族的石片瓦屋，元阳哈尼族的"蘑菇房"，四川大小凉山彝族的"土掌房"，新疆天山南北哈萨克族的毡房，新疆喀纳斯湖畔图瓦人桦树皮木屋等，都各具特色，连同那些世外桃源般绝美的自然风景，如田园牧歌般的祥和。它们在祖国建筑艺术的大观园中，盛开绽放，令人赏心悦目，心旷神怡。

二、传统建筑装饰的美学表现

（一）传统建筑的装饰色彩

中国传统建筑非常注重建筑物的色彩和装饰，无论是对结构构件还是对室内装修，都进行艺术的处理，表现着中国传统的审美意象和审美趣味。建筑物的颜色和装饰形式很大程度上是由其材料本身决定的。由于中国传统建筑材料为木材，木材有易于雕刻、着色的特性，再加上中国传统建筑所采用的结构体系属于梁柱式结构，围护结构的布置可在非承重部位根据具体需要选择，有很大的灵活性，所以在长期的发展中，建筑在色彩和装饰上有极大的自由性和创造空间。再加上中国的民族特性表现为热情、欢乐、富丽，所以中国传统建筑中的色彩和装饰都极其丰富，以用色大胆、对比强烈、细部精致著称。中国传统色彩和装饰表现出中国匠人高超的技艺、对建筑材料性能的理解和运用，以及中华民族的审美文化心理特征。

远在 7000 年前的新石器时代，先民们就懂得在建筑物上添加色彩。唐宋以后，建筑开始向精致华丽的风格发展，色彩的种类不仅大幅度地增加，同时也建立了一套着色准则。明清之时已有等级严格的规制，以供营造匠师参考。

色彩的运用与中华民族的审美心理有着密切的关系。在汉代，中国人就形成了阴阳五行学说，认为天地万物都是由金、木、水、火、土五种基本元素构成的。季节的运行、方位的变化、色彩的分类，都与五行密切相关，五色配五行和五个方位。《周礼·考工记》曰："五色，东方谓之青，南方谓之赤，西方谓之白，北方谓之黑。天谓之玄，地谓之黄。"五种色彩象征自然要素，即以红色象征火，以黄色象征金，以青绿色象征水，以白色象征土，以黑色象征木；同时还提出了这五种色彩与建筑方向及季节的关系，即以青绿色象征东方和春季，以红色象征南方和夏季，以白色象征西方和秋季，以黑色象征北方和冬季，以黄色象征中央。就"地位"的象征而言，西周时规定以红、黄、青、白、黑为正色，天子宫堂的析条为丹朱色，诸侯为黑色，大夫为绿色，士为土黄色；清代规定公侯的门屋为金色，一至二品官为绿色，三至九品官为黑色，民居只能用灰色。在官方建筑中，黄、红色是用得最多的。黄色是帝王之色，庶民不能滥用，所以皇家宫殿采用黄色琉璃瓦屋顶，象征着至高无上的皇权，宫殿群外的围墙呈红色，象征着中央政权。至于一般市民住宅，只能使用灰色。白色除了在江南民居建筑中用作墙体的颜色外，一般也不常用。黑色在建筑中仅用以描绘轮廓，此外不多用。

当然，我国宫殿装饰色彩的运用，也不是固定不变的，不同时期又有不同的表现形式。唐代以前多以朱、白两色为主；敦煌唐代壁画中的房屋，木架部分一律用朱色，墙面一律用白色，屋顶以灰、黑简瓦为主，或配以黄绿琉璃瓦剪边，色彩明快；宋代木架部分采用华丽彩画，而屋顶则用琉璃；发展至明代，除琉璃瓦外，还有白、黄、红、棕、绿、蓝、紫、黑等色的砖，七彩纷呈，光晶耀目，总的趋势是越往后越繁艳。以北京故宫为例，正门天安门，城门五阙、重楼九楹，以汉白玉砌为须弥座，台下是深灰色的铺砖地面，上建丹朱色墩台，其上又建重檐城楼，并覆盖以黄色琉璃瓦，与朱墙相映照，屋顶下是青绿色调的彩画装饰，屋檐以下是成排的红色立柱和门窗；太庙前殿面阔十一间（原为九间），重檐庑殿顶，也是黄琉璃瓦顶配以红墙；太和殿面阔十一间（原为九间），进深五间，汉白玉基座，殿内沥粉金漆木柱与精致的蟠龙藻井装饰，又是红墙黄瓦，显得富丽而雄浑；中和殿为黄琉璃瓦四角攒尖顶，正中设鎏金宝顶；保和殿也是黄琉璃筒瓦四角攒尖顶；午门其上也覆盖以金色琉璃瓦，黄瓦红墙交相辉映，色彩和谐悦人。凡此一切，都是在象征华贵、庄严、兴旺的皇家气象。故宫建筑的色彩装饰，通过红墙和黄瓦，青绿彩画和红柱门窗，白色台基和深灰地面等鲜明的色彩对比，再配合丰隆巍峨的宫殿形象，给人造成强烈的视觉刺激，呈现出一派璀璨辉煌的万千气象，造成了极为富丽堂皇的总体效果，也使建筑的空间造型变得更加恢宏和壮观。

（二）传统建筑的装饰图案

不同的审美趣味直接造成中西古代建筑装饰图案的反差。中国传统建筑的装饰图案丰富多彩，具有鲜明的东方民族情调。装饰图案的演变，与人们的心理诉求息息相关。在对装饰图案的演绎中，不同地区呈现出不同的特点，反映着不同地区的人们对子孙繁衍生息的观念以及祈求幸福、平安的生存观念的不同理解和表达。在北京，由于人们"皇城根"有文化心理，居住建筑常对官式建筑的装饰进行简化和模仿，在建筑的重要位置，雕刻或者描画龙凤等图案，花饰雍容华贵，在颜色的使用上，有时为了表示建筑的尊贵和居住者的高尚地位，大胆采用红、黄两色这种以前皇家建筑才能使用的色彩组合，表现着华贵、庄严、兴旺的气象。在我国苏杭地区，居住建筑延续着传统苏杭地区清新雅致的风格，色调采用青绿为主，图案内容多选择花草、人物、山水等，且以表现君子之气节为审美方向，常选择竹、松、梅、菊、兰等形象，表现着自然之趣和文人雅士对名利的淡薄。宗白华先生把中国古典美分为"错彩镂金的美和出水芙蓉的美"。这两种美在中国北方皇家建筑和南方文人园林中都有着突出的体现。在岭南地区，居住建筑的装饰在商业化高度发达的影响下，显示着当地人对于财富、平安、子孙满堂等较为世俗和经济性的愿望、期待，他们常用芭蕉、葡萄等当地常见植物形体来象征家大业大、多子多孙的世俗文化的审美意象。

1. 动植物装饰图案

在我国传统建筑中，植物中的松、柏、桃、竹、梅、菊、兰、荷等花草树木，动物中的龙、虎、凤、龟、狮子、鹿、麒麟、仙鹤、鸳鸯、孔雀、鹦鹉等飞禽走兽，都是装饰中的常见之物，并达到了相当高的艺术水平。而在装饰图案中，动物图案应用得最广泛，其中又以龙为最多，并被赋予了一定的象征意义。

关于龙的起源，目前学界说法不一，有人认为它演化于生物，有人认为它来源于云雨雷电等自然现象，但无论它的起源为何，有一点可以肯定，就是它实际上代表的是人类所崇敬的神或是原始人类所不认识也不能驾驭的某些超自然力量，或者说是一种类似图腾的标记。龙的形象在战国时代的瓦当上就已经有了，至于把龙与皇帝联系在一起，早在《古今注》中就有"皇（黄）帝乘龙上天"的记载，汉墓砖画《黄帝巡天图》中也有黄帝乘坐龙拉的车的图案。这些都说明在公元前21世纪以前，皇帝就与龙有关了。龙属于神兽，寓意尊贵，所以在皇宫建筑的装饰中，龙占据了统治地位，而在民间建筑上则很少用龙来装饰。比如，在北京紫禁城和沈阳故宫这两座皇宫里，屋顶上有琉璃烧制的游龙；屋檐下的彩画里，门窗的门钮、角叶上，台基的御道、栏杆上都布满了龙的形象；殿内天花、藻井，皇帝宝座的台基、屏风、御椅上也有多种式样的木雕龙。它们或仰首向上，或俯首往下，张牙舞爪，腾跃飞舞，一派皇家气象。再如，山东曲阜孔庙大成殿正面十大雕龙盘柱，生动传神，殿内为楠木天花错金装龙柱，中央藻井也饰以蟠龙含珠纹饰，栩栩如生，充分显示出这座古代建筑特殊的文化品位。同时，中国传统建筑艺术实用与审美的二重性在龙的装饰图案上也得到了反映和体现。在人们的心目中，龙不仅具有装饰效果，而且已经成为一种降妖祛魔的力量化身。中国的木构建筑易燃，为防火灾，产生了"厌胜"之法。

经过种种变形之后的龙的图案出现在建筑的不同部位，如螭吻出现在殿堂正脊两头、仙人走兽被雕刻在殿堂屋脊、椒图常被雕刻在大门、螭首被雕刻于台基、金猊雕刻于香炉脚等等，可谓琳琅满目，形态各异。虽然它们也不可能达到灭火的目的，但在当时人们的心目中，却是相信它们会有这种功能的，从中也体现出人们素朴的审美意识。

在建筑装饰里，不但采用单种动植物的形象，而且常常将动植物的多种形象完美地组合在一起，如将松树与仙鹤组成画面，寓意"松鹤延年"；牡丹与桃放在一起，寓意"富贵长寿"；莲荷与鱼放在一起，寓意"连年有余"；龙与凤放在一起，寓意"龙凤呈祥"；喜鹊与梅花放在一起，寓意"喜鹊闹春"；公鸡与牡丹组合表示"功名富贵"；莲荷与公鸡组合表示"连年吉祥"，等等。这些精美的组合多用来作为门、窗、屏风和帷帐的装饰图案，不仅美化了建筑的部件，同时也寄寓着人们的美好祝愿，具有浓郁的民族色彩和鲜活的生活气息。

2. 文字装饰图案

将文字作为一种装饰图案用于建筑之上，是西方古代建筑装饰所不具有的。文字图案往往是建筑小品、山水景观的眉目，在园林中用得最多。在《红楼梦》中，曹雪芹借贾政之口说道："偌大景致，若干亭榭，无字标题，任是花柳山水，也断不能生色。"这正说明了文字对园林建筑小品所具有的精神性生发功能。中国传统宫殿、民居、园林，多以题名、楹联、匾额、刻石等来象征吉祥如意、生活美好等寓意。宫廷图案有"江山万代""日升月恒""龙凤呈祥""子孙万代""福寿绵长"等，官邸、民居图案有"指日高升""玉堂富贵""三星照户""天官赐福""鱼跃龙门"等，所表达的都是现世的富贵和吉祥，从而形成中国传统建筑独有的装饰风格。

三、传统生态景观设计的美学表现

中国的园林建筑是中国传统生态景观的典型代表。不同于西方景观建筑，它不仅仅是城市或建筑的配合，更是一种自成一体的独立空间设计。园林建筑兴起的思想基础就在于摆脱一般的建筑的规矩、约束，让自然之感渗透到日常生活中。

中国古典园林艺术的宗旨是"虽由人作，宛自天开"。园林作为一种可游可赏的物质载体，把景色的天然之趣与艺术家的内心情志融通无碍，把古老东方文化的神韵与选景造景的艺术技巧圆融一体，消除了文化与建筑的隔阂，体现了中国哲学思想的最高境界，成为一种独特的建筑艺术。

传统园林设计注重山水的构架。山水构架是对已有的自然山形水势进行改造或仿创自然的山水形态。在风水理论中，山与水被认为是阴阳两极的统一，在园林中浓缩为掇山、理水的构制与营建，通过它们之间的组织和安排，营造出园林整体所追求的游离于建筑本身之外的境界。

中国园林的境界大体可分为神仙境界和治世境界两种。

神仙境界是指在建造园林时以浪漫主义为审美观，注重表现中国道家思想中讲求自然恬淡和修养身心的内容，这一境界在皇家园林与寺庙园林中均有所反映。

中国儒学中讲求实际，有高度的社会责任感，重视道德伦理价值和政治意义的思想，反映到园林造景上就是治世境界。这一境界多见于皇家园林，著名的皇家园林圆明园中约有一半的景点体现了这种境界。

园林中掇山、理水的山水构架，既是中国阴阳思想的体现，同时也熔铸了园林建造者对中国文化的理解与悟性。"水令人性淡，石令人近古。"山为刚，水至柔，山以水活，水以山阔，山水环绕，刚柔相济。看山临水，听泉望云，鱼鸟共乐，山水清音，是人间的一种享受；天地寥廓，人生短暂，游心骋怀，忘情山水，是人间的一种情怀。

山水贵在自然清新，建筑贵在得体宜人。园林建筑不仅要提供种种生活便利，如居住、游憩、娱乐、赏景、理政，甚至举行宗教活动，还要融入自然环境，揭示、丰富甚至深化山水的意象、境界，提供欣赏自然山水的最佳视角，激发游兴，唤醒灵感，帮助人们调整身心。在造园的几大要素中，唯有亭台楼阁、殿堂斋轩、榭馆门廊这些建筑才是完全人工创造的。它们在园林中常常集中表现造园者在艺术上的奇思异想，是对山水植物自然景观进行加工点缀的主要手段，更是以建筑之实"有"托造化之虚"无"的点睛之笔。

（一）亭

亭是古典园林，也是自然风景中见得最多的一种建筑。在山峦之巅，高墙之旁，水面之上，云影之下，亭亭玉立，清风荡漾。从造型看，亭空间通透，四面开放，多以三四个细劲的立柱撑起一个反宇飞檐的攒尖顶，其凌然美韵飘逸、俊秀。古往今来，中国名亭层出不穷，如安徽醉翁亭、湖北黄州快哉亭、北京陶然亭、江苏放鹤亭、苏州沧浪亭、镇江北固亭、绍兴兰亭，等等，皆有着一段名人佳话或文人士大夫抒寄胸襟的雅词丽句。

（二）楼台

楼常和台组合在一起，被称为楼台。它们是园林风景中用来观望的高耸建筑。著名的江南四大高台建筑，是湖南洞庭岳阳楼、湖北武昌黄鹤楼、安徽当涂太白楼、江苏镇江多景楼。"文因楼成，楼借文传"，使它们能在千年之中不断重复修建留存至今。

（三）阁

阁多为两层，平面为方形或多边形，采光适宜，瞭望方便。宁波天一阁是明代构筑的藏书楼，为亚洲规模最大的古代图书馆，是世界迄今为止硕果仅存的三大家族藏书馆之一，后来多成为建阁的模本。

殿通常作为园林的主要建筑，是帝王理政或举行宗教活动的地方，如颐和园仁寿殿、香山勤政殿等。堂多向阳，居中，堂堂正正，是赏景和会友的场所。斋是位于偏僻、安静地方的书屋。轩四周开放，胸襟洒落，气宇轩昂，用于赏景休息，有阔畅通拓的心理作用。榭为临水建筑，榭浮水上，下靠石柱支撑，观鱼赏月，波光粼粼，人情与天地四时变化，扩大了水榭在园林中的作用。

（四）门

门是通前达后的出入口和结合点，引导着游人入境的心情变化，从憧憬到迷惑，再到豁然开朗。常见的门形或圆或方，而灵活多变的异样门形，本身已成风景，增加了游园的情趣。例如：执圭式、葫芦式、莲瓣式、贝叶式、如意式、流瓶式、八方式、六方式、罐式、梅花式，等等。

（五）廊

廊是有顶的通道，"随形而弯，依势而曲""或蟠山腰，或穷水际"，蜿蜒无尽，既用于联系交通和欣赏园景，又可用于分隔庭院。扬州寄啸山庄（何园）的复道回廊，被誉为中国立交桥的雏形，长达千余米的廊道，把几个院落连接起来，绕廊赏景，步移景异。专家称此串楼廊道的构建手法为"江南园林的孤例"。

（六）墙

墙是用来围合及分隔空间的。常见的有粉墙和云墙两种形式。粉墙外饰白灰，以砖瓦压顶。云墙墙头呈波浪形，以瓦压饰，犹如龙鳞片片，逶迤盘桓，上下飞舞，寓静于动，给人以轻松活跃的感觉。

（七）院落

院落是由单体园林建筑围合成的规则或不规则的空间。建筑为实，院落为虚，实少虚多，虚实相生。

以上众多建筑组成园林之"有"，由此营造出的意境为"无"，如"书不尽言，言不尽意"，又如中国画，无画处皆成妙境。老子曰："常无，欲以观其妙。"借助园林建筑的构建与布局，人们体味着深邃丰富的审美意境，获得愉悦的美感享受。

中国传统文化特别讲究"天人合一"的思想，中国传统园林就反映出这种崇尚自然的审美意象，表现着情景交融、借景寓情的审美特征。传统园林的要素包括山、水、树、石、屋、路，将这些元素通过园林中的建筑，如亭台楼榭、廊桥、花窗，将园林与建筑融合起来，隐显得当，布局灵活，变化多样。同时，园林的景致讲究意蕴，常冠以意味深远的名字，反映出居住者的审美趣味，使园林形神兼备，更增加了园林所蕴含的精神内涵，有诗中有画、画中有诗的特点。

中国园林是一种包容性很强的综合艺术形式，与中国绘画有着千丝万缕的联系，在艺术表现手法上多有一致之处。中国园林实际上就是画的立体化，中国画注重以线造型，注重白描、散点透视、虚实相生，通过对瞬间形象的描述创造出丰富深邃的画境之美。中国园林则直接将中国绘画的空间构成理论进行实际运用，讲究虚实、藏漏、因借、景移等设景原则，注重景致之间的主从关系，注重景与景之间的呼应、疏密、明暗、深浅、强弱、高低等关系，让人们行走其间有一种自然休闲、畅游画中的感觉。

在传统园林设计中，因为加入时间的要素，而具有了空间的无限性，空间也在时间的牵引中不断放大，天人合一，物我两忘，从而达到想象力的纵横驰骋。中国传统园林通过空间的转换和道法自然的精神，表现出中国传统文化中特有的审美观、人生观、世界观。

第二节　当代建筑对传统建筑美学的传承

一、建筑空间布局的传承

在当今的建筑设计中，空间在时间节奏中的动态变化非常受关注。其对建筑的流动的空间美的重视，与传统建筑空间的本质是一样的。现代建筑四大师之一的赖特提出的"有机建筑"的观点就是强调建筑与空间的关系，而与环境的和谐一致，正是现代建筑的突出特点。柯布西耶在设计方法上提出"平面是由内到外开始的，外部是内部的结果"，并通过萨伏伊别墅的设计阐释了"新建筑的五个特点"，在住宅设计中通过小面积的中厅、屋顶花园、空洞及透光的中空体、天窗等设计手法，表现出建筑丰富的表情。中国建筑在现代化进程中，在对西方现代主义建筑的不断学习中发现了其对于空间的理解，正是中国传统建筑历朝历代以来所表达的时空流动性和天人合一的特征。因此，中国传统建筑空间的流动性被广泛地运用到当代建筑设计中。门、檐廊、亭等传统建筑形式被运用在建筑群体的连接和贯穿中，犹如音乐旋律中的一个个跳动的音符，加强了建筑的流动性。在中国的传统建筑空间中，我们看到了某些现代特征：对庭院、檐廊等灰空间的利用，建筑结合自然环境的倾向，室外与室内之间形成的透明感、层叠感和渗透感，等等。

在当今的居住建筑设计中，尤其是在居住小区的设计中，建筑表现出时空的统一性特点，传统建筑的空间美随着时间的进程在虚实相间的空间布局中表现流溢出来，意象化地继承传播传统建筑的精神哲学韵味。对于形式与空间的关系，中国建筑师崔恺有如下概述："当代乡土建筑创作大致可分为形式语言和行为空间两个主要方面。前者主要是从当地建筑的传统形式中提取符号语汇，结合新建筑的创作加以简化、变形和重组，使新建筑和旧建筑之间建立一定的视觉联系。而后者则是注重从传统建筑空间中发掘出形成这种空间的行为缘由，而以这种特定的行为模式为基点，寻求新的空间形态，使新旧建筑之间、建筑与环境之间达到某种空间意义上的默契。"这一观点说明，时至今日国内的一部分建筑师已经意识到仅仅从形式出发是很有局限性的，他们开始尝试用不同的创作表现方法，从表面现象逐渐探及具有精神性的地域性本质。这种通过形式把握空间过程，是一条解决城市住宅地域性问题的必然之路，也是让传统和现代交融的必然之路。

二、传统生态景观美学的传承

传统园林建筑是我国传统生态景观美学思想的具体呈现和典型代表。在现代的居住建筑中，园林的运用是最能体现出传统建筑意味的部分。在居住建筑的园林设计中，由于中国地域差异很大，所以常呈现出不同的地域特征。北方地区由于山水颜色在四季的不一样和植物的相对单一性，建筑常采用鲜艳的颜色，在南方地区由于植物众多，花草颜色鲜艳，建筑常采用比较淡雅的颜色，并且根据地域特点，种植适合当地生长的植物，创作出一种自成体系的生态小环境，使居住者感受传统的自然理念和享受恬静的闲适。

由于现在用地的限制，大规模的水系山石不适合现代居住区的设计，园林中的建筑以小巧为主，路径常采用曲折布置，以移步换景的方法显示出空间的纵深感，在有限的空间内营造出更丰富的层次感。在园林的命名中，比起古人，现代人更注重闹中求静、向往自然的心理，常用比较通俗现代的文字，文雅地表达人们对休闲的态度和生活的美好向往，较之传统的文学意味深远的题字，显现出更多的时代感和生活的气息。

传统建筑园林与现代建筑的关系主要包括以下两个部分。

（一）一致的思想内涵

建筑空间，说到底就是以人为手段所创造的人工环境，用以满足人们的心理生理需求。人们对空间的本质需求决定了以空间实用性为主体的现代建筑和以精神表现性为特征的传统园林之间的内在联系。建筑空间和园林都表现着空间与环境、空间秩序组织以及人与空间内活动的关系。这些关系也就表现着对相同的地方气候和文化的回应。

与环境和谐一致，是现代建筑的突出特点，把建筑作为景观的一部分来考虑是对环境的尊重。而崇尚自然正是传统园林建筑的思想精髓，把建筑融入园林也正是传统园林建筑的造园手法之一。传统园林建筑中的"天人合一"思想就突出反映着这种对人与环境和谐性发展的强调。

在传统园林建筑中，室内外空间的互相渗透贯通融合，内院连廊等灰空间，以及可移动的雕花屏风隔扇等所界定的可变换空间，正是对空间流动性的最好阐释。所以说，传统建筑园林与现代建筑在思想内涵上具有一致性。

（二）交融的建筑空间

设计师在现代建筑庭院的创作中，常将传统的园林造园手法融入现代建筑空间中，使自然与建筑有机结合，打破室内外的概念约束，形成具有地域特色的新型空间，主要特点有以下三个。

1. 以庭院为中心

以庭院为中心来布置建筑或者串联建筑空间，使建筑空间与园林空间互相渗透，互相衬托。庭院样式多样，有建筑绕庭布置、前庭后院、前宅后庭以及现在公共大空间，如酒店中庭常用的室内庭院方式。园林建筑布置在继承传统建筑特色的同时，重点吸取了江南园林的空间序列手法，创造出以庭院为核心的建筑空间，在庭院中布置绿化、叠水、假山石，形成自然的内环境和外环境的交融，表现建筑的地域性特征，提高建筑的艺术价值。

2. 强调庭院空间的交融和渗透

对于传统江南园林中的优良传统手法中的藏漏、收放、穿插、渗透等进行组合运用，构成非单个空间的三度空间，追求空间层次的总的汇集叠加。而在轴线的安排上打破传统的规整的中轴布置，从建筑到园林都按照人物的活动流线来布置，富于曲折变化，活泼多变。

3. 重视小品景观的应用

在现代建筑的设计中，传统的建筑小品常被运用到景观中来配合建筑空间氛围的营造。通过适当的建筑小品，如亭、榭、桥、门洞、漏窗等体量较小的园林点缀物，来配合建筑空间的收放、环境的动静关系，起着空间的转承作用，根据人们的视觉活动变化进行对景、借景和组景，形成空间的流动。

三、建筑细部构件与装饰的美学传承

（一）传统建筑构件进行现代转型的影响因素

传统构件功能扩展产生的表现形式往往是整个建筑的灵魂所在，因此合理利用构件可以使建筑更加富有魅力。

传统建筑构件的转化同时受多种因素的影响和制约，主要说来可以分为自然因素、社会因素、技术因素三大部分。

1. 自然因素

自然环境对建筑构件的影响主要指地域影响，不同的地域造就不同的建筑，各有其地域烙印。

2. 社会因素

任何一个构件都有其依托的社会背景，它的产生、发展、变化乃至消亡都与社会本身有极大的关系。同时，作为构件创造者的人的审美倾向也对构件的变化发展有着巨大的影响，如唐宋时的巍然大气到明清时的繁复华丽。

3. 技术因素

从某种角度来说，材料技术的发展对建筑构件的转化起着质变的作用。不同的材料直接导致不同构件的产生，不同材料的选择直接影响构件的存在方式。所以我们要注重建筑材料与构件形式的统一，材料有着其自身的审美属性，如木的轻盈通透，混凝土材料的浑实凝重，只有注重材料特性与构件形式的一致性，才能使建筑整体表现出和谐统一。

（二）传统建筑细部与装饰的现代演绎

在传统构件中，门窗、楼梯、支撑构件、遮阳构件、保温隔热、屋顶这六个方面的建筑构造的功能和形式应当代人居的要求有了新的扩展，在今天的居住建筑设计中常看到现代设计手法对传统构件的演绎。

在当代的建筑构件中，由于主要出于对其装饰性的需要，构件的受力情况已经不再是建筑所考虑的主要内容。在居住建筑设计中，这些构件形式常以混凝土或其他新型建筑材料当作原料、以简化的线条在外形上模仿古制，采用朱红等古代宫廷建筑构件所常用的鲜艳颜色引起人们的视觉注意，在建筑的入口、园林的游廊等人的视觉可以清晰分辨的部位局部进行装饰和节奏上的重复。在这种运用中，很大一方面是对于建筑构件的极力模仿。值得注意的是，虽然现在这些构件只是通过传统的形式来满足人们对传统文化的心理需求，部分情况下没有力学的要求，但在外形上，应该表现出力学的张拉感和承重感，并符合建筑物的体量感。如果这种单纯的装饰构件过大或者过小，则很难表达出传统建筑的力与美的均衡。在传统构件的当代运用中，最突出的问题是要加强对于传统构件的力学结构以及构造方式的理解，追根溯源，这样才能真正发挥传统构件的现代意义。

在当代居住建筑中，常将装饰、色彩着重运用在主要入口的边框、门窗，小路的铺面以及屋脊山墙、柱头、柱础等位置，进一步表现出建筑的和谐之美和文化内涵，而不是外加的多余附属物。在各种手法中，使用最为广泛的是传统砖雕、木雕、石刻、楹联等面积小但艺术表现力强、内容丰富的方式。特别常见的有春节等重大节日时，不管住宅是中式风格还是西式风格，在入户大门或者窗户上，常可见到大红"福"字，用最直接的方式表现着民俗以及人们的美好心愿和对幸福的向往。还有的在居住小区的广场等公共位置利用砖雕、木雕、石刻等的形式，对人们进行传统文化的熏陶。

第三节　当代建筑对传统建筑的审美创新

一、传统建筑的现代转型历程

中国传统建筑在数千年的历史发展过程中，虽历经多次的社会变革、朝代更替、民族融合以及受不同程度的外来文化影响，但不同时代的建筑活动，无论是在建筑的用材上，还是在建筑的结构技术上，都没有发生根本性的变革，有的只是建筑形式的丰富与完善。以土木和砖石为材，以木梁柱框架结构、庭院式组合布局为主的建筑模式一直是中国传统建筑的主要方式，数千年来一脉相承，持续发展，日臻完善，独树一帜，逐步形成鲜明而稳定的高度程式化发展特征，成为世界上延续时间最漫长的建筑体系。

中国传统建筑发展的缓慢性也是中国传统文化发展的一个缩影。几千年的文明史，造就了一脉相承的传统建筑形式。从建筑空间意识的起源，到儒、道两家哲学思想对建筑发展的影响，以及由此而形成的审美意识，都具有超常的稳定性。几千年来，中国形成了完整而具有封闭性的传统文化系统，而在此基础上发展起来的建筑审美意识也渐趋成为一个稳定的封闭体。

（一）中国传统建筑在鸦片战争时期的转型

在中国历史上，1840 年是一个非常重要的转折点。鸦片战争前，在中国虽也有西方古代建筑的式样出现，但主要是由传教士引入的教堂建筑，数量和规模都很小，且处于严格的限制中。所以，中国传统建筑与西方古代建筑在总体上是隔膜的，西方古代建筑也不足以对中国传统建筑产生实质性的影响。鸦片战争后，随着西方文化通过宗教、经济、军事等途径的传入，西方建筑逐步打破了中国传统建筑一统天下的局面，西方风格的建筑式样也在中国本土上日益增多。中国人对待西方建筑的态度由鄙夷、猎奇转变为接受、欣赏、追崇，在建筑审美观念上发生了重大变化。传统建筑的"中和之美""中庸之美"受到西方建筑审美趣味和形式的强烈冲击。近代社会的变化，尤其是近代工业、商业、经济的发展，中国传统建筑的木构架形制、大屋顶及合院式布局形制已无法满足社会、生产和生活对建筑的功能性、多样化和灵活性的新要求。同时，西方近代工业文明带来的新的建筑技术和材料以及先进的施工方法，也对中国传统建筑所依赖的天然材料和手工操作方式造成了强烈的冲击。虽然，中国传统建筑文化也曾多次受到过外来建筑观念的濡染，如公元 1 世纪随印度佛教传入的寺塔建筑，而后又有西方天主教与伊斯兰教建筑，但它们都没有改变中国传统建筑的基本形式。相反却在中国传统文化的同化与改造之下，这些原本外来的建筑样式具有了中国建筑的基本形式。而鸦片战争之后，传统的中国建筑遭受了历史上第一次较为猛烈的冲击和挑战，中国传统建筑在设计观念、建筑材料和施工技术等方面的现代转型也就成为历史的必然选择。

张法先生认为，中国文化从鸦片战争开始，就一直受到三种文化势力的影响：一是有着几千年历史的传统文化；二是同样有着几千年历史并率先进入现代化的西方文化；三是融合着马克思、列宁、斯大林思想的苏联文化。但就中国建筑文化的现代转型而言，它也同样面临着这三种文化的影响。中国建筑文化与西方建筑文化在近代的相遇和对接，使中国建筑文化处于不断调整的状态，在此过程中产生的对中国传统建筑命运的关注和对建筑"民族性"问题的探索延续至今。它与中国近代文化对自身传统文化和外来先进文化，所做出的由物质层面到制度层面再到观念层面的文化价值抉择，存在着同构对应的关系，经历了一个自我调适、理性选择和融会创新的发展过程，其间所遭遇的种种痛苦与彷徨、焦虑与挣扎、无奈与尴尬、冲突与抉择都无不说明现代转型之路的曲折和艰难。大致来说，始于 19 世纪 40 年代的中国传统建筑的现代转型，在接受西方先进的建筑观念、建筑技术的同时，就围绕如何继承中国建筑艺术的优良传统这一问题，掀起了"吾国固有之建筑形式"的讨论与实践热潮，并在 20 世纪 30 年代、50 年代和 80 年代形成了对建筑的"中国固有式""民族形式""新民族形式"探讨与实践的三次高潮，而关于民族与世界、传统与现代的论争也成为始终贯穿中国建筑发展的一条主线和核心问题。

在中西方文化的碰撞与交流中，中国传统建筑在技术、制度和观念的不同层面开始了一系列深刻的变革与转型。这一时期，西方的建筑技术，如砖石、砖木的混合建筑体系，大跨度、钢结构的新建筑体系渐次传入中国并得以大规模地推进，新兴的民族建材工业也随之发展起来。与之相适应，作为社会精英的知识分子也以现实的理性态度来审视西方建筑所带来的各种影响，从起初的消极避让、排斥转变为之后的主动学习、引进。放眼世界、引进西学、"师夷长技以制夷"成为国人图谋生存和发展的内在动力。中国建筑工程师也开始以社会群体的姿态登上了建筑的舞台，自觉地投身于建筑的教育事业，主动地学习和引进西方先进的建筑技术。这些构成了中国建筑现代转型的宏观背景。

（二）中国建筑的近现代转型探索

20 世纪二三十年代，欧美各国建筑经历了由古典复兴、浪漫主义经折中主义、新艺术运动向现代建筑转化的变革时期，这些建筑风格也都曾先后或交错地出现在中国近代新建筑活动中。早期的外来建筑大多是西方古典式或殖民式的建筑，散布在各地的教堂，除少数采用中国式外，一般都沿用各教派的固有格式，多为哥特式、罗马式、文艺复兴式、俄罗斯式。进入 20 世纪后，外来建筑形式逐渐以折中的形式，在不同类型的建筑中，分别采用古希腊、古罗马、拜占庭、哥特、文艺复兴、巴洛克等不同的式样，或在同一建筑上自由混合各种式样。到 20 世纪 30 年代，欧美各国进入现代建筑活跃发展和迅速传播的时期，中国近代新建筑也开始向现代建筑转变。而从根本上讲，近代中国传统建筑的文化转型是用先进的材料技术去适应旧的建筑形式，这种文化转型的本质是被动的适应性转化而不是主动的创造性转化。

从 20 世纪 20 年代起，近代民族形式的建筑活动进入盛期，到 20 世纪 30 年代末达到高潮。中国建筑进入一个新的历史时期，中西方建筑文化开始了实质性的融合。这种融合的直接结果便促成了中国新建筑体系的产生，使"中国建筑由以传统木构架体系为主体的旧建筑体系直接转化为具备近代建筑类型、近代建筑功能、近代建筑技术、近代建筑形式的新建筑体系"。同时，面对复杂的社会现实，中国传统建筑在现代转型的路途上首次经受了"中国固有式"思潮的影响。所谓"中国固有式"建筑，就是把西方建筑的技术和手段运用于中国传统建筑，而在形式上仍保留中国古代建筑的某些形式特征，如大屋顶、仿木梁柱、斗栱、彩绘等。

"中国固有式"建筑思潮发起之时，正值"五四"运动后民族意识日益高涨之际，受"中体西用""中道西器""国粹主义""文化本位"等文化观念的影响，中国固有的建筑样式作为"重要之国粹"，理应被发扬光大。因此，"发扬我国建筑固有之色彩"成为建筑界和社会的普遍呼声，建筑师纷纷提出"依据旧式，采取新法""酌采古代建筑式样，融合西洋合理之方法与东方固有之色彩于一炉"等主张。一大批20世纪初留学归来的建筑师，如董大酉、庄俊、梁思成、杨廷宝等，他们的创作实践和在建筑教育方面的努力，成为近代建筑发展的重要动力。另外，当时激烈的民族矛盾和社会、政治背景及当时推行的《首都计划》和《大上海都市计划》，也要求建筑以"中国固有之形式为最宜，而公署及公共建筑尤为尽量采用"，这一切都为中国传统建筑在近代的革新、发展与转型起到推动作用。

但是，采用先进的建筑材料，而又拘泥于传统的建筑形式，这本身就有悖于建筑艺术表现材料与形式相统一的要求，结果只能是"穿草鞋戴洋帽"，不伦不类。况且，固有式建筑既不经济，且对惯于传统施工手法的建筑队伍来说，也存在诸多技术上的困难。所以，中国固有式建筑，只将着眼点落在对"固有形式"的提取和模仿上，把延续传统建筑的形式特征作为体现、发扬中国精神和民族色彩的方式和途径，却没有真正地体会到蕴含其中的传统建筑精髓之所在，以为只要把西方的建筑材料加之于传统建筑的样式之上，中国传统建筑的现代转型也就顺理完成了，这实在是过于简单，也太理想化了。中国传统建筑的现代转型遭遇了尴尬。

20世纪30年代以后，新的建筑思潮继续在中国传播，到20世纪50年代，正当"现代建筑"在世界大行其道之时，"中国固有式"建筑在还没有来得及去搞清现代建筑的思想精髓，从而为理顺建筑活动与技术之间的关系创造条件时，又迎来了全盘学习苏联的建筑热潮。这一切似乎来得太快了，多少令中国的建筑师力不从心，使原未站稳脚跟的中国建筑的现代转型，再次面临艰难的抉择。

（三）中国建筑的现代转型

20世纪80年代作为中国建筑发展的黄金时代，在经济快速发展的同时，也加快了建筑现代转型的历史进程。如何使传统建筑既有鲜明的民族特色，又能体现出新的时代精神，成为中国建筑走向现代不容回避的话题，建筑的"新民族形式"问题再次成为焦点。可喜的是,有了前两次的文化积淀,这次对建筑"新民族形式"的探索便显得从容和深刻,在探索建筑民族化和现代化的道路上,走出了一条可资借鉴的发展之路。对外来材料设备、国外设计手法和外资的引进,对大量的国外建筑理论的介绍,特别是后现代建筑理论的传入,更进一步活跃了建筑学术思想和建筑创作活动。短短几年,多元化的建筑风格在中国大地上"百花齐放",建筑精品"争奇斗艳"。广州白天鹅宾馆以高低层结合的优美体型和浓郁的岭南风味中庭,继续推进着广州风格;上海龙柏饭店以协调的环境、新颖的造型和地方特色的和谐,展现出上海风格的新姿;北京香山饭店注重中国传统建筑的虚实相生,以明丽简洁的设计手法将之与现代技术和工艺结合,使东方情调和西方现代美感得到完美的融合;阙里宾舍则采用了中国传统的坡屋顶形式,使现代宾馆有机地融入周围的特殊古建筑环境氛围之中;其他如南京金陵饭店、上海宾馆、广州中国大酒店、北京中日友好医院等,也都呈现着多姿的形态和迥然不同的格调。这批建筑在现代化水平和现代设计手法上翻开了新的一页,出现了新颖的建筑形体和组群构成,运用了玻璃幕墙、齿形墙面、透光大厅、旋转餐厅、景观电梯等新的构成要素;在民族风格上,也从更广泛的角度去认识传统,从空间构成、序列组织、群体布局、室内装饰、庭园意匠等形式上,多侧面、多层次、多方位地探寻求索。这些都标志着中国建筑思想开始摆脱狭隘而封闭的单一模式,逐步趋向开放和兼容,中国现代建筑开始走上多元风格的发展道路。

中国传统建筑的现代转型,是古老而封闭的中国传统建筑文化与西方建筑文化在文化整合的时代大潮中融合的必然结果。它标志着承袭已久的传统建筑文化的解体和新的融会了西方先进建筑技术和材料的建筑体系的诞生,既有成功的历史经验,也有失败的惨痛教训。这对我们清醒地面对现实、理性地设计未来起了警醒作用,是一笔宝贵的精神财富。

二、当代建筑对传统建筑美学的创新发展

(一)传统建筑元素在当代建筑中的创新运用

在中国,随着传统建筑审美热潮的兴起,许多传统构件作为彰显传统文化的元素被运用在当代建筑中。部分变形的设计方法通过传统建筑构件的再现来达到传统建筑美学与当代居住建筑的部分融合。运用这种方式进行居住建筑设计,通常有两种手法。

1.对中国传统建筑意象的运用

居住区内园林设计采用带有中国传统特色的小桥流水、游廊画舫,室内布

局则注重吸收西式住宅的现代生活流线，通过对传统和现代的融合，在满足居住者中国传统审美意象选择的同时来适应当代生活的功能需求。比如，中山清华坊采用中国传统民居形式，在色彩上以儒雅的白色与灰色结合，每套宅院均有前庭、天井和后院，将传统的绿化和环境布置融入宅院本身。宅院建筑、围墙、门坊、街景从民居中提取元素，再辅以现代建筑材料画龙点睛，使整个居住区既富有深厚的文化底蕴和清晰的历史文脉，又不失现代感和舒适感。

2.对传统建筑符号进行更新

对传统建筑符号进行更新指在进行建筑设计时，对传统建筑符号简化、抽取造成部分变形，不满足于单纯的符号式的表达。例如，对中国古典建筑传统构件形式的斗拱的变形，即通过对其一斗三升的韵律、轮廓线的分析，结合现代的结构要求（通常不需要考虑其受力）和建筑材料（通常采用混凝土模拟，外饰红色防水涂料），选择安置在传统建筑的受力位置，如檐部以下，从而完成简化的有传统特征的部件外形，也完成了文化意味上的建筑转换和创新，理性而典雅。传统的建筑语言的更新通过现代的技术手段突出了建筑的历史感与现代感的统一。

（二）传统建筑与当代建筑的融合途径

1.整体风格的把握

整体风格的把握可以说是形象的一种集合，是通过事物的各个部分之间的内部联系而形成的综合概念。它所反映的是这个集合的整体特征，同时也反映了物质世界主客体之间的相互联系运动的关系。建筑物的形象既是客观实体，又是主观抽象的，它始终统一在人的感知和思维系统之下。因此，人们通过对传统建筑形式的分析、概括、归纳和演绎的手法，来实现现代建筑整体风格的神似。

在对传统建筑美学的转化的整体风格的把握中，我们应该考虑其地区性差异，发展当地的特色，避免出现"千城一面""千楼一面"的局面，让建筑物形象的集合更具有现实性。比如，北方建大院是基于充分的采光考虑，南方把天井做得比较小，是为了遮荫避阳。北京的四合院对应的是多代同堂的家庭结构，傣族的吊脚楼对应的是其底层架空养家禽、二层以上住人的生活模式。

近年来在各地的建筑设计中也可以看到对中国传统建筑美学继承发扬的例子。如在岭南地区，佘峻南、莫伯治等岭南建筑师基于对岭南传统建筑的理解，提出了创新的设计理念——"灵活的空间运用""巧妙的庭院布置""合理的经济结构"。当代建筑师在公共建筑和居住建筑等方面都创作出形神兼备的作品。比如，广州同德围岭南花园，其规划和设计都反映了一定的岭南特色。建筑群采用"围合院"布局形式，在建筑物之间做传统"冷巷"处理。这一布局既实现了院落之间的空间流动，又得到了良好的采光通风和遮阳效果。在商业街上借鉴和创新骑楼这种传统建筑模式，迎合了居住者的民俗心理。整体色调以灰、白、青为主，局部运用绿色山墙和植物来调节，采用简化的锅耳墙、抽象化的翘角和传统坡屋顶，同时，建筑室内布置采用了广东地区西关大屋中的典型构件——趟拢、满周窗、花格、漏窗等作为装饰，立足于岭南建筑传统文化特征，结合现代技术和材料，表现了传统岭南建筑中的"通""透"的特点，流露出明快的岭南建筑地域特征，在适应亚热带气候和环境、体现现代岭南建筑特色等方面有新的突破。又如广州云山诗意居住小区的设计，采用极具东方建筑特色的徽派的马头墙、汉阙、门楼、抱古石，江南的黑白灰色调、黛瓦，岭南的骑楼等，将众多东方建筑的经典代表符号，融入现代高层建筑理念中，形成独树一帜的风格，呈现出一派古宅今风。同时设计还特别强调了局部建筑所呈现的独有的人性化考虑，展现了中国传统建筑文化中以人为本的思想，如设计的风雨连廊不仅方便户外避雨，还可以方便邻里串门，为居住者提供一个休闲、沟通的公共场所。而门楼与现代的槽钢玻璃矮墙，围成院落空间，使人们联想到传统生活模式，让人在心里增加了对彼此的亲切感。

2. 传统美学精神的继承

对于传统建筑的继承不一定采用具有中国传统特色的建筑符号，而应该继承传统建筑美学的精神内涵。这种不拘泥于形的"神"的继承，是中国当代居住建筑的理想方向，是中国古典建筑的意象化在当代居住建筑中的转化和传播。

袁忠先生在其《中国古典建筑的意象化生存》一书中指出，古典建筑的意象化有天人合一、时空互渗、技艺相成三大基本精神。由此可见，传统建筑精神是抽象隐性的，可以相对摆脱建筑实物这个载体的牵制。也就是说，通过对中国建筑深层次的精神传统的挖掘，我们可以让中国建筑传统更深层的文脉得以延续，进一步摆脱形式的束缚，适应当代新需求，更好地在当代的建筑实践中将传统与现代相结合。

李泽厚曾经提出，民族性不是某些固定的外在格式、手法、形象，而是一种内在的精神，假使我们了解了我们民族的基本精神，又紧紧抓住现代性的工艺技术和社会生活特征，把这两者结合起来，就不用担心会丧失自己的民族性。创作有中国特色的现代建筑，要结合当代中国国情的高层次的宏观特色，而不是仅仅局限于具有中国风貌的低层次的微观特色。对待建筑传统，我们不能局限于形式层而将视野集中于外在形式的继承，而应延展中国建筑优秀文化传统的高度，将视点转移到深层内涵的精神继承。

在当代中国的建筑实践中继续探讨传统与现代的结合问题，明确继承传统的目的并不是为了传统而传统，而是为了发展而传统。一方面，我们在新的历史时期将传统与现代相结合是为了从中国建筑的优秀传统中汲取丰富的养分和精华，古为今用，与当代建筑和现代人的生活相结合，更好地为当代建筑的发展服务。另一方面，正如书中所述，传统是发展的、演化的，客观环境和主体进程都对传统的不断发展有着要求，因此，传统也在不断地生长。我们继承中国建筑的优秀传统，将传统与现代相结合，从某种意义上而言，正是在丰富传统内涵、扩大传统外延，给未来的建筑师提供更多的可借鉴的设计手法和对传统的继承方式，是用当代建筑师的努力来书写未来中国的建筑史。

在当代的建筑设计中，建筑师通过总体规划、园林景观等方面继承传统建筑的设计思想，来力求建筑不单是通过符号语言，更多的是通过设计思想让人感受传统建筑文化的历史感、存在感。比如，在建筑空间中表现天人合一、道法自然等概念，不是全盘地抄袭古典建筑，而是通过空间的分隔、组织，居住空间的开放性和半开放性的结合，来挖掘精神上的内涵，从而做到通古鉴今。

第五章　当代建筑环境美学

随着社会经济的不断发展，建筑环境的可持续发展要求也越来越重要。现代社会建筑不仅要满足人们的生活需求，还要满足人们的精神需求和社会环境的需求。建筑环境美学是建筑学和环境美学的有效结合，能够解决建筑中的环境审美问题。爱美之心人皆有之，现代建筑美无处不在，美学在建筑设计中的运用不仅满足了人们的视觉感受需求，也提高了人们的生活环境质量。本章主要从建筑环境美学概念厘定、建筑环境中的审美意识以及建筑环境的美学表现三个方面展开深入探讨。

第一节　建筑环境美学概念厘定

一、环境美学的性质与学科定位

（一）环境美学的性质

如今的环境问题已经受到人们越来越多的关注，很明显，因为我们生活的环境正在经历前所未有的问题。这个问题可以追溯到工业社会。工业革命无疑为人类的进步和发展开辟了新的道路，现代工业社会也为人类创造了前所未有的巨大幸福。但正如中国古代哲学家老子所言："祸兮福之所倚，福兮祸之所伏。"工业社会的巨大进步又为人类埋下了祸根。自诩为"万物灵长"的人类从来不知道对自然的征战应有所节制，虽然这创造了巨大的财富，但却让人与环境建立在生命共存共荣基础上的"生物圈"遭到破坏。自然环境的严重破坏，给人类带来的是无穷无尽的灾难。事实上，从远古开始，人类对自然的每一次掠夺，自然都给了我们以报复，而在近半个世纪，这种报复越来越频繁，越来越强烈，越来越让人们难以对付。

英国著名历史学家汤因比说："如果人类仍不一致采取有力行动，紧急制止贪婪短视的行为对生物圈造成的污染和掠夺，就会在不远的将来造成这种自杀性的后果。"

换句话来说，主要不是学科发展的需要，而是现实需要，环境问题几乎被摆到各种不同门类学科学者的案头。从 20 世纪开始，有关环境的研究呈蓬勃发展之势，自然科学方面，环境化学、环境物理学、生态学，人文社会科学方面，环境哲学、环境伦理学、环境艺术、环境设计都出现了。在诸多关于环境的科学研究中，环境美学可以说是出现得比较晚的。大约从 20 世纪 60 年代开始，有关环境的美学研究在美国和欧洲迅速展开。环境美学当然首先是哲学问题，但是这一问题几乎涉及生活的所有领域，从事这一研究的也不只是哲学家、美学家，许多原来从事其他学科研究或实践的学者，包括画家、作曲家、剧作家、摄影师和电影导演等也都加入这个队伍中。20 世纪 80 年代以来，阿诺德·伯林特、艾伦·卡尔松、约·瑟帕玛、斯坦福·博拉萨、史丹菲·罗斯、罗纳·赫波尼以及保林·堡斯多夫等相继出版专著，对环境美学相关主题做出论述。在国际学术会议以及美学和艺术研究刊物上，也常见关于环境美学的讨论。

1. 自然美学的演变

在东西方文化的历史长河中，人们早已发现了自然的美。中国有着悠久的自然美学史，凝聚着独特的东方智慧；早在 2400 年前，亚里士多德发现了自然界的美和规律；古希腊和古罗马的哲学家和诗人都在他们的自然观点中融入了一些审美意识。

在文艺复兴时期，人们对登山有着彼得拉特式的热情。长久以来，自然一直是美学欣赏的源头和灵感。然而，从美学史的发展角度来看，自然美是从来不占主导地位的。美学虽然是一门独立学科，但在 18 世纪建立之后的很长一段时间内，众多哲学家、美学家的美学巨著中几乎都没有自然美的一席之地。

在西方美学史上，对自然美的论述和推崇都是以人与自然对立为基础的，充满了主观性与客观性、审美与实践的矛盾和冲突，往往在自然科学客观性和自然艺术主体性的两个倾向中摇摆不定。

18 世纪早期，英国经验主义思想家约瑟夫·艾迪生和弗朗西斯·哈奇生提出，与艺术相比，自然更适合成为审美体验的理想对象，而在这个审美欣赏中，无利害性是核心所在。无利害性的提出为自然审美的"崇高"建立了根基。崇高性和无利害性的理论在康德的《判断力批判》里得到了认同并且达到形式上的完善。"崇高"在当时的美学讨论中占据了中心地位，它以自然世界为例证，无边的沙漠、连绵的山脉和广阔的水面这样宏伟、辽阔和壮丽，被认为是审美、愉悦的源泉之一，它打破了自然和艺术的平衡而显示出自然的卓异不凡。然而，到了黑格尔那里，美学被明确地定位为艺术哲学：自然美是远远低于艺术美的，它被驱逐出美学的中心领域。19世纪的谢林和20世纪的桑塔耶那、杜威都在某种程度上探讨了自然美学，但他们的主要兴趣都还放在主流艺术上。

18世纪中期，罗纳德·W.赫伯恩发表《当代美学与对自然美的忽视》一文，指出在将美学在本质上简化为艺术哲学之后，分析美学实质上就忽略了自然界。工业革命以来，随着各国工业化的加速发展，人工转化的规模越来越大，人们赖以生存和生活的环境质量急剧下降，人们开始冷静下来审视环境问题，并且把日趋深沉的家园感寄托于对大自然的审美之中。

18世纪的浪漫主义时期，卢梭提出了"回归自然"，诗人和画家们都乐于描绘和赞美大自然的各种景象，崇尚自然的激情，原生自然得以赋予新的意义。到了19世纪，新的自然观应运而生，正如梭罗的作品所示，他的《瓦尔登湖》反映了一种崇尚原始本性和返璞归真的倾向。19世纪中期，这种看法在美国地理学家马什的作品中得以强化，他认为人类是自然美的毁灭之源。19世纪末，美国人缪尔将这一看法推向极致。缪尔认为整个自然界，特别是原生自然在美学意义上都是美的，仅当它受到人类侵扰才变得丑陋不堪。更极端的看法则是自然中不可能存在丑。这些观点可叫作肯定美学。肯定美学强烈地影响着当时的北美荒地保护运动，并且与同时代的环境保护论相联系。同时，随着保护自然的理念的发展，参与对自然的关注和保护的学者越来越多，他们主要来自人文和科学领域。

美国著名的画家、博物学家奥杜邦绘制出版的《美洲鸟类》（1838年）和《美洲的四足动物》（1840年）中，就已经流露出保护自然、保护野生动物、尊重生命的思想。马什首次公开提出了保护自然的概念，他在《人与自然：人类活动所改变了的自然地理》一书中指出了自然本身的协调性和复杂性，以及人类破坏自然的弊害，强调了人与自然应相互结合；自然不仅具有如伐木等功利性的经济价值，也具有景观价值和审美价值。

自然在美学研究对象中的凸现，具有美学革命的性质。之前的美学都以艺术为主要研究对象，美学与艺术学、诗学几乎到了概念互换的程度。自然美学在美学领域中的出现，不仅意味着现实生活中人们审美对象的扩大，更重要的是反映了美学学科性质的本质性的变化。美学再也不能叫作艺术学，也不能叫作诗学，美学理所当然地涵盖了艺术学、诗学中涉及审美的部分，但它不能归于艺术学、诗学，也不能归于艺术哲学、艺术美学。原因很简单，环境，特别是其中的自然环境成为美学研究的重要对象。

自然美学虽然不能叫作环境美学，但却是环境美学的前奏。原因很简单，人们谈论环境，第一思想肯定是自然。实际上，当人类在这个世界上扮演着主要的角色，地球上的自然界以及人的能力所能达到的地球外的自然界就以不同的意义在不同的程度上"人化"了。由此可以看出，自然就变成了环境。

2.景观美学的演变

环境美学常被视为景观研究。景观是一种美学概念，它常被视为美学的分支，叫作景观美学。

在18世纪，英国园林学家用"如画性"来表述景观的美。"如画性"这一概念，首先在英国流行，后来扩展到整个欧洲，成为风景审美的一个相当时髦的概念。阿诺德·伯林特在《生活在景观中》一书中介绍过"如画性"。他认为，这种如画性，主要是一种设计理论。代表人物是威廉·吉尔平、理查德·培恩·赖特和尤维达尔·普赖斯，他们都具有相近的观点：赞同摈弃设计的规律性和系统性秩序而倾向于不规则、变化、野性、改变和颓废风格。他们还说："'如画性'是对18世纪美学那绅士派头的沉思的观察风格的典型写照。"说到底，如画性也是自然美学中的观赏方式，它不仅摈弃事物的利害关系，而且只是强调视觉性，显然跟现在的环境美学不同。

在绘画理论与环境艺术中主要用到的也是现在的景观学，它明显地侧重于艺术理念，更亲近于艺术设计，是一种具有工具性的形而下层面的艺术学科。

环境美学是一种哲学，或者是环境哲学的直接衍生物。环境哲学思想是人与自然、主体与客体、生态与文化的基本关系，以及寻求这些对立因素的和谐。环境哲学对这些问题的思考则成为环境美学。

关于景观学与环境美学的关系，有以下三个问题是不能不做一点辨析的。

（1）哲学与美学

哲学是人们对宇宙、人生最基本的看法，好像自来水系统，它是总开关，哲学的本质是理性的和形而上的。哲学可以分类，最粗的分类是认识论、伦理学和美学，分别联系着人类的三大价值：真、善、美。由于三大价值自身的性质，它们形而上的程度是有区别的。真涉及客观世界存在与运行的规律，是最抽象的，形而上的程度最高。善联系着人类社会基本价值取向，它同样是理性的，但因为毕竟涉及人和社会，而这人、这社会还不是具体的，其形而上的程度就不及认识论。情感的因素（总体上属于感性）在其中有一定的地位，影响着对善的看法。美既联系着客观世界存在与运行的基本规律——真，也联系着人类社会基本的价值取向——善，从某种意义上说，它甚至以真、善为基础，因此，它兼具真、善的品质，但是，美还联系着人感性的体验，包括感知的体验、情感的体验和想象的体验。这种体验既有社会的共同性，又有个人的特殊性，因此，其形而上的程度不仅不及真，也不及善。尽管如此，研究人类审美的学问——美学，作为哲学的分支学科，仍然具有相当的形而上的品格。

（2）环境美学与环境审美

审美作为人类的一种活动，其突出的特征是感性和体验性，而美学作为理论体系不能是形而上学和理性的。

（3）环境美学与景观学

环境美学是美学的分支学科，主要研究的是人对环境的审美活动，它的理论体系从根本上说来自人对环境的真切感受，但它的抽象程度较高。作为美学的一个分支，它在相当程度上受制于位于它上层的哲学体系，往往是哲学观的派生或衍生系统，也就是说，不是从下而上，而是从上而下。景观学的理论体系虽然也受制于位于它上层的种种学说体系，包括美学、哲学的体系，但相对来说，这种受制远弱于环境美学。景观学更多地来自现实中环境设计的经验，是这种经验的理论提升的结晶，也就是说，它更多地是从下而上，而不是从上而下。

总的来说，景观学与环境美学主要有以下三点差异。

①源头差异。景观学更多地源于绘画、园林、城市规划；而环境美学则更多地源于环境哲学。

②品格差异。景观科学产生艺术实践和生产实践，而环境美学则产生对环境美学的思考。

③适用差异。景观学只是应用于主人（具体的某人或某些人）需着力美化的生活空间；而环境美学则着眼于人类整个生存空间。约·瑟帕玛说美学有三个研究传统：美的哲学、艺术哲学、批评哲学。景观美学较多地归属于艺术哲学，而环境美学则较多地归属于美的哲学。它们都有批评的哲学，也许景观美学的批评，更注重景观个体，而环境美学的批评也许更注重整个环境。

虽然环境美学与景观学有以上所说的三点差异，但它们也有三个很重要的共同点：首先，它们关注的都是环境，不仅涉及自然，也涉及人文，是自然与人文相交融的人的生活空间；其次，它们都具有提升人类生活空间审美品格的使命，它们都是环境的美化学；最后，它们都重视对生活的感性体验，只有拥有对世界的感知，才是审美的世界，由于世界本就是感性的，所以，回到生活的本身，也就是回到审美的本身。

有学者将审美定义为感性学，这不是神秘化审美，而是平易化审美，不是禁锢审美，而是解放审美。这种解放，如果说在艺术欣赏中表现得不是很充分，那么可以说，在环境中那是充分不过的了。人类的环境说到底是一个全面的感知系统。环境好不好，美不美，只要将全部感官打开，放眼观视，竖耳聆听，深呼吸几口，挥挥裸露的手臂，就知道了。

芬兰的环境美学专家约·瑟帕玛说，审美的表达有三种方式：描述的、阐释的、评价的。基础的是描述，阐释、评价都在描述之中。在环境美学中，描述是基本的表达方式，也是最为重要的表达方式。景观学也是非常强调对生活的感性体验的，一个区域景观设计得好不好，同样，不需去查什么文献标准，据什么设计经典，只要在景区走上一个来回就尽知了。

在环境美学与景观科学的关系上，环境美学作为景观科学的理论指导，可以被看作环境美学的延伸。景观科学的出现早于环境美学，在这一维度上，环境美学也可以被看作当代景观科学的理论促进。

3. 环境伦理学的演变

人和自然的关系问题一直是哲学的主题，但是在不同的时期，人类对自然的关系的看法是不一样的。人类在原始初民时代，由于人认识自然、改造自然能力极其低下，普遍存在一种对自然的崇拜心理。与自然的联系，更多地看重人对自然的服从、屈服，这可以说是一种自然主体哲学。

而在人类的文明时期，人类的主体性逐渐觉醒，这种觉醒在德国的古典哲学中达到了极致。康德、黑格尔是这种哲学的最大代表。这种哲学有一个突出特点，就是它所弘扬的主体性是精神的主体性，马克思批判地继承德国古典哲学，将精神的主体性移到物质的主体性来，这种物质的主体性就是人的生产实践。人自诩为"宇宙之精华，万物之灵长"，俨然以宇宙的主人自居。

历史发展到后工业社会，人类的主体性发展到极致，创造了更为先进的文明。但是，人所创造的文明程度不一地破坏了自然界原有的平衡，其中主要是生态平衡；人对自然的征服所取的胜利果实本应是甜的，却变成了酸，甚至是苦的。

在自然的威权之下，人类突然醒了过来，原来自己并不是宇宙的主人，甚至也未必是"宇宙之精华，万物之灵长"，人的主体性遭到严峻挑战。有学者提出自然也应具有它的主体性，自然的主体性突出体现在生态主体性上，于是就有了两个主体性：人的主体性、自然的主体性。人的主体性集中体现为文明，自然的主体性集中体现在生态。按逻辑来说，是不容许存在两个主体性的，这两个主体性要么一个战胜另一个，要么两者实现统一。人类现在已经明白，自己是无法从根本上、从总体上战胜自然的，只能取与自然相和谐的态度，于是，一种新的文明观——生态文明观产生了。这种文明观既不强调文明主体，也不突出生态主体，而是让生态与文明构成一个共同的主体。应该说，在一定的范围内可以做到，当然，这需要人自觉地调节自己的文明，让文明既符合人的利益，也符合生态的利益，也就是说，既是文明的，又是生态的。概括起来，就是生态与文明共生双赢。在这样一种哲学观的主导下，一种新的伦理——环境伦理，亦称生态伦理产生了。

伦理学的新阶段可以说是环境伦理。在此前，伦理学经历过自然伦理、社会伦理两个阶段。自然伦理畏惧自然，人的价值屈服于自然的价值，这种伦理主要存在于人类的史前时期。社会伦理崇尚人的权利，将人的价值看得高于一切，从根本上漠视自然的价值。这种伦理观主要存在于人类进入文明阶段之后，在工业社会达到极致。后工业社会出现了新的伦理——环境伦理。在环境伦理的视野下，人的价值与自然的价值需要实现调整，既尊重人的权利，也尊重自然的权利。

到20世纪中叶，西方的环境伦理学已经发展得相当成熟，众多学者探讨了环境伦理学和环境美学的关系。20世纪70年代后，从大地伦理学到深层生态学的转变使环境运动从改良走向激进。以深层生态学为代表的"新文化"运动在西方兴起，带来了一种新的生态世界观。这种环境伦理学影响了很多环境问题研究者，其中包括一些美学家。阿诺德·柏林特、艾米莉·布雷迪、罗尔斯顿等人认为环境美学根本上需要一种伦理的关怀。艾米莉·布雷迪指出，在对环境进行改造时，有时审美价值的获得是以生态和自然环境受损害为代价的，这样，美学目的就和我们的道德责任相冲突了。如何在达到人与自然和谐的同时达到审美与道德的共存，是实践面临的难题。

在属于哲学的诸多学科中，美学与伦理学有着极其内在的联系，它们都以生命作为自己关注的对象，只是伦理学侧重于生命的内在价值，而美学则侧重于生命的外在现象。伦理学所关注的"善"作为人类行事的基本原则总是内在地决定了美的价值取向。环境伦理学所提出的一系列关于生命的新原则，极大地启发了美学，不仅为美学提供了一个新的视角，而且提供了理论基础。

从一定意义上来说，环境美学是在环境伦理学的胚胎中吸取环境美化的营养发展起来的。

4. 环境保护学与环境美学

环境美学产生的重要背景则是工业社会以来全人类的环境保护运动。环境保护，从大的方面言之，其手段有二：一是科学技术；二是人文理念。现在人们一谈到环境保护，想到的就是科学技术，如何净化水，如何净化空气，等等。其实，环境保护更重要的是树立正确的环境观，自觉地爱惜环境，珍惜环境，不让它受到破坏。其中，生态文明理念是最重要的。关于生态文明，其根本就是三个重要概念："尊重自然""顺应自然""保护自然"。

（1）尊重自然

尊重自然意味着要给自然以地位。一是承认自然有自身的价值，其价值要得到充分的尊重；二是要承认自然是宇宙的本体，只有尊重自然这种宇宙本体的地位，人才有生存的可能，也才能在一定的范围、一定的条件下讲"以人为本"。

（2）顺应自然

顺应自然，首先是承认自然有自身存在与发展的规律，这种规律是不以人的意志为转移的。人做任何事，都不能违背这一规律，这就是"顺应自然"。

（3）保护自然

保护自然主要指保护自然的生态平衡，不是说人不能利用自然资源，不能改造自然，而是说这种利用、改造必须控制在一定的范围、一定的程度之内。一方面是为了保护自然生态平衡，不至于让我们对自然的利用变成对自己的最后伤害；另一方面也是为了可持续发展，为子孙后代留下更多、更好的生存与发展空间。

在诸多的关于环境保护的理念中，环境美学处于较高的层面。现在的环境保护，立足于善，即人的利益，主要是不被环境伤害的利益；依据的是真，即科学技术手段。应该说，这种保护的层次是不高的，因为就人类的终极价值而言，不是善，而美才是人之为人的根本。关于人与动物的根本区别，人们通常只是认为动物不能制造工具，而人能制造工具。这一点固然也是人与动物的区别，但不是最根本的区别。最根本的区别是人有对美的追求，而且这种追求不是本能的，而是自觉的，且是不断提升的，从来没有尽头。真、善、美的统一，不是真，亦不是善，而美才是人类这三种最高价值的最后归宿，因此，美是人类的最高境界。席勒说："只有美才能使全世界幸福。"我们的环境保护，就最低层次而言，就是没有污染，不伤害人的健康，不如将这最低的要求提升到最高的境界——美的境界。

目前，环境保护与环境建设是两种不同的工作，也归属于两个不同的部门。它们之间经常产生矛盾。环境保护经常限制环境建设，而环境建设也多是破坏环境。难道这两者真的是天敌，不能实现统一？并不是如此。我们可以将环境保护与环境建设统一起来，这里关键其实不是环境建设必须以不破坏环境为前提，因为这是题中应有之义，关键是将环境保护提升到环境建设的高度，让环境保护不只是修复环境，还是美化环境。这一目的的实现固然需要以一定的科学技术作手段，但根本的是理念到位。理念之一就是整个环保工程需以美学为主导。以美学为主导，并不是以唯美为主导，而是融真、善、美为一体且以美为最高追求的主导。真、善、美一体，是有多种融合方式的，三者可融为真，也可融为善，但只有三者融为美，才能将人类的精神境界引向无限。

环境保护与环境建设中经常遇到的功能与审美的关系问题也只有树立以美学为主导的理念才能真正得到解决。通常对这两者关系的处理，总是将它们对立起来，根据以善为根本的原则，功能第一，审美第二，实际上是要功能不要审美，或者为功能而牺牲审美。城市中触目可见的市政工程，诸如高架路、立交桥、广告牌多是如此。按照以美学为主导的原则，功能与审美不是对立的，而是统一的。这种统一，既不是功能统一于审美，也不是审美统一于功能，而是功能即审美，审美即功能。比如，城市中的高架路既是便捷的交通工具，又是亮丽的街头景观。

约翰松就做到了审美与功能的统一。约翰松是一位非常有才华的环境艺术设计师，她做的园林总是恰到好处地将环境保护与环境审美统一起来，正如《艺术与生存——帕特丽夏·约翰松的环境工程》一书的"概论"所说的："生态系统是约翰松工作的模本，生存是她的主题，她对此非常熟悉，从而能够深刻体验，灵活运用。在生活和艺术中，耐心和灵活都是非常有用的技巧。通过对植物与动物生存策略的探索，并揭示出不同的艺术处理方式，从而她的艺术可以被用来恢复生态。但她决不会放弃美。她很清楚美所具有的促进生态复原的特性。"这里，使我们惊奇的是最后一句话："美所具有的促进生态复原的特性。"美有那么大的力量吗？初听，似是觉得将美看得太高了，但细思，又觉得果真如此。

5. 环境美学的逐步发展

可以说环境美学的发展历史并不长。环境美学作为学科的界定，目前还在研究之中。据环境美学的开拓者之一、国际美学学会前会长、美国哲学家阿诺德·伯林特的看法，环境美学虽然与其他学科交叉，但其核心是对环境的美学思考。至于"环境"的定义，大多数西方学者并没有把它与人分割开来，将它看成是人类之外的东西。

阿诺德·伯林特说："环境并不仅仅是我们的外部环境，我们日益认识到人类生活与环境条件紧密相连，我们与我们所居住的环境之间并没有明显的分界线。在我们呼吸时，我们也同时吸入了空气中的污染物并把它吸收到了我们的血液之中，它成了我们身体的一部分。"

当然，环境主要指的是自然环境，但也包括人工环境。与一般环境相比，从经济、政治和伦理的角度来看，环境美学更注重环境的人性，其对人类精神享受的意义是其审美价值。这样，研究环境美学就不能独立进行，就必须汲取其他学科的营养，在相关学科的基础上，得到了研究成果，而研究成果提出了一个引人注目的金字塔精神。

西方的环境美学研究，大体上分为理论研究、实践研究以及理论与实践相结合的研究。在理论研究上，在有关环境美特质的认识上，主要是将它与艺术美相比较。阿诺德·伯林特认为，这种区分可以从三个方面进行：一是环境美的对象是广大的整体领域，而不是特定的艺术作品；二是对环境的欣赏需要全部的感觉器官，而不像艺术品欣赏主要依赖于某一种或几种感觉器官；三是环境始终是变动不居的，不断受到时空变换的影响，而艺术品相对的是静止的。在有关环境美的理论中，环境感知和景观评估是两个研究重点。加拿大学者艾伦·卡尔松对现代环境审美模式进行了梳理，以对自然环境的欣赏为例，分析了对象模式、景观模式、自然环境模式、参与模式、神秘模式、唤醒模式等十种欣赏模式。卡尔松主张全部的自然世界都是美的，并强调科学知识在审美中的重要性，把审美欣赏筑基于自然科学，而科学知识则为自然欣赏的客观性和普遍性奠定了基础。

关于环境的审美批评，在西方环境美学中得到了重视。美国学者阿诺德·伯林特和芬兰学者约·瑟帕玛都深入地论述了这个问题，环境批评涉及景观评估。对景观评估的研究主要从实验和实践两条途径展开。实验的途径主要从环境心理学的角度进行研究，这主要依靠科学的研究、量化的数据和评估，多采用定量、试验的研究方法，如建立模型、验证假设、研究工具的标准化、数据的产生和分析等。在这种研究途径中，对环境变量的分析和对环境的人文因素的考虑是相互补充的。

美国学者 J.L. 纳斯主编的《环境美学：理论、研究与应用》一书中提出环境美学是经验主义美学和环境心理学两个领域研究的一种融合，这两个领域都采用科学方法以解释物理的刺激和人的反应之间的关系。实践的途径主要是从景观设计与规划的角度进行研究的，主要体现在对景观的美学价值进行量化。景观的量化评估起因于环境的经济价值和审美价值之间的相互冲突，景观美学质量的量化为捍卫景观提供有力的证据。许多重要的研究成果已经在实践中得到了广泛的应用，如主要用于估量森林和荒野的审美属性的风景美评估（SBE）模式，已经用于乡村的农耕区景观的乡村景观评估程序。

但是，正如阿诺德·柏林特所指出的，量化途径致力于一种如同科学一样的客观性和精确性，但其范围太窄并且采用的数据是缺乏说服力和值得怀疑的。量化研究产生的数据只提供了有限的似是而非的证明。景观质量的精确评估一直存在着争论，并且未得到真正的解决。实践途径还注重环境美学质量的保护、规划和公众意识的提高。建筑师、城市规划者和景观设计师直接肩负起改造和提高生活环境质量的重任；而环境教育的长远计划也在人文学者的研究之中。众多学者还探讨了环境伦理学和环境美学的关系。西方的环境伦理学已经发展得比较成熟，对环境美学有着重要的借鉴意义。

20 世纪 70 年代后，从大地伦理学到深层生态学的转变使环境运动从改良走向激进。以深层生态学为代表的"新文化"运动在西方兴起，带来了一种新的生态世界观。这种环境伦理学影响了很多环境研究者。阿诺德·柏林特、艾米莉·布雷迪、罗尔斯顿等人认为环境美学在根本上需要一种伦理的关怀。在对环境的日常经验中，审美与道德不免发生纠缠，甚至发生价值冲突。艾米莉·布雷迪指出，在对环境的改造时，有时审美价值的获得是以生态和自然环境受损害为代价的，这样，美学目的就和我们的道德责任相冲突了。如何在人与自然和谐的同时达到审美与道德的共存，是实践面临的难题。

特别值得注意的是，西方有一些学者已经试图将美学与工程学结合，他们在实践中也做出了出色的成绩。法国著名的工程师贝尔纳·拉絮斯在设计法国西部一条高速公路时，将公路要穿过的一片采石场变成奇异的悬崖景观。这一实践的巨大成功，引起了著名的学者、哈佛大学敦巴顿橡树园园林与景观部主任米歇尔·柯南的浓厚兴趣。

环境美学的发展越来越显示出它与传统美学的区别。审美研究的重心从艺术转向自然，其哲学基础从传统人文主义和科学主义转向人文、科学主义和生态学的结合；美学正向着日常生活和应用实践迈进。不难预见，环境美学将成为一项著名的美学研究，必将为人类实践指出一条和谐的人与环境发展之路。

（二）环境美学的学科定位

1. 人与环境

环境和人类是同时存在的，人类在环境中生活，如果没有人，环境只是一个天然的整体。从这点上可以说，人类创造了环境。今天的环境可分为广义和狭义两类：广义的环境是指除人类之外的一切，狭义的环境指的是与人类生存环境密切相关的环境。

环境美学是自然和社会条件的总和，是人文环境和自然环境的相互作用。自然环境是指由岩石圈、水圈、生物圈、大气土壤圈等组成的相互渗透和相互相互作用的复杂物理系统。自然环境可分为不同层次，如区域环境、栖息地、微环境和体内环境。

环境美学所研究的社会环境主要指人类栖息环境，可分为村落、庭院环境和城市环境。涉及人与人之间的生存与环境，包括人与自然、人与社会、人与自我之间的关系。环境不仅包括对其有影响的各种因素，也包括人类的影响和作用。人类与环境的关系，反映了人类适应和改造环境等的能力，这就是生存。

第一，人类的生存没有一刻能够离开自然环境。环境对人起了一系列的作用，使人产生了适应性，从而出现了不同的人种。超过一定水平变化的环境，会影响人类的正常生活，甚至导致死亡。

第二，人类对环境的适应性促使了文化的产生，又用文化改造了环境，使之更适合自己生存。

2. 研究对象

美学的基本问题就是感性和理性，即人与自然的关系。由于生命结构具有双重性，自然不仅在人之外，也在人之内。所有人类的努力旨在使自然和超自然弥合。审美活动是人类理想生存的状态。文明是人类超自然性的外在表现，文明程度越高，人就越远离自然。人对自然美的热爱，其实质是人渴望回归自然，天人合一的表现。

环境美学的对象，应该是环境美学所阐述并构建的美学世界，它的对象就可能是美、艺术、审美经验和实践。今天，我们已经明白：美学是一个概念、一个标准，而不是一个实体。过去，由于美作为一个实体，人们经常指出美具体的东西，这样人与事物间就仅有审美主体和客体的关系，而在审美活动中，人早已超越了这种主客体关系，主客体关系成为一种混合状态，人与世界相融合，互动共存。所以在审美活动中，最重要的事情不是别的，是审美活动本身。

审美活动使人们成为审美主体，使自然成为审美活动的对象。人是不是审美的主体是由审美活动本身决定的，如人们去观看美术展览，听音乐会，等等。

审美活动是一种人类自由的生命活动，是人类理想的生存状态。换句话说，环境美学的基本原则就是"人类生命活动的原则，人与自然、社会和生态审美的关系，就是环境美学研究的对象"。

3. 审美活动

审美活动是人类与生俱来的活动，是伴随人类存在而产生的。随着文明程度的提高，审美活动在日常生活中的地位越来越高。审美活动是人类最重要的生存机制之一，是人类生活和活动的一个重要组成部分。

人类对生存的思考和诠释就是美学的内涵。思考的对象就是审美活动，审美活动就成为人类理想的生存状态。使美学可以自立为一个学科的根本依据就是它思考和探索人类的生存问题。美学对于人类审美活动的反思，是对人类生命的阐释。环境美学审美活动的出现和发展就体现了美学的这个特点。

二、环境美的特征与功能

环境美学不仅研究建筑、场所和空间形态，也解决了在整体环境下作为参与者的人所遇到的各种情况。在环境中进行的审美活动中，审美者将主要注意力集中在限定的环境中，感性的体验扮演了重要角色，即接受外来因素的刺激，并且用一个整合的感觉中枢，去体验和感觉外界刺激。感性体验不仅是神经或心理现象，而且让身体意识作为环境复合体的一部分，直接或者间接地参与到审美活动中，这就是环境美中审美的发生。简而言之，环境美的根本性质在于，人参与到环境中去进行审美活动并且感知外界环境，得到心理和生理的愉悦。

（一）环境美的特征

1. 生态性与文明性

从宏观角度出发，环境是地球生态系统的一个断面，它被纳入整个地球的生态网络之中。之所以强调"地球"，是因为据我们目前所知，尚只有地球具有生命，而且人类也只能生活在地球上。地球上的生态系统，可以分为两种关系系统：一是地球与宇宙的关系系统；二是地球自身各种存在物之间的关系系统。正是这两种关系系统，使得地球成为最适宜人类生活而且还是据目前所知唯一适合人生活的宇宙天体。

地球之所以具有生命，从根本上说，是因为地球和宇宙的其他物质处于一种特别有利于生命存在的关系中。地球上维持生命所需的许多条件都准备得恰到好处。生命是需要光能与热能的，这种能量来自太阳。太阳是个大火球，它与地球的距离平均是 1.49 亿千米，可以说恰到好处。太远，太阳提供给地球上的生命的能量不够；太近，地球上的生命就不能存活了。地球每 24 小时自转一周，白天与黑夜就交替了。如果地球一年才自转一次的话，地球的一边就会全年向着太阳，这一边就可能变成滚烫的沙漠了，而不见太阳的那一边就可能一直处于零下，在这种极端的环境之下，可以生存的生物寥寥无几。特别让人称妙的是地球与太阳相对倾斜的角度为 23.5°，这个倾斜度造成春夏秋冬四季均衡轮转，四季分明。如果地球不是呈倾斜状态的话，就不会有四季更替，虽然人还不至于不能活命，但生活的情趣就减少了很多。23.5°这个倾斜度正好，如果倾斜得多一些，夏季就会极端炎热，冬季就会极端寒冷。地球成为最适合生命生存的环境不仅因为它与太阳恰到好处的关系，还与它的大气层有重要关系。地球的大气层不仅提供了地球生命必需的各种气体，还有效地阻挡了太阳对生命的有害辐射。从审美角度来说，正是因为有了大气层，天空才如此绚丽多姿，变化万千，美不胜收。

更重要的是，从地球上有机物与无机物的关系来看，地球上的生命的存在和发展与无机物有着不可分割的关系，人体的许多元素就来自无机物。这里特别值得一说的是地球上有着极为丰富的水。众所周知，水是生命之源。水不仅是生命之源，而且是地球环境美之源。正是因为有了水，我们这个地球才充满着蓬勃的生机，充满着丰富的色彩，充满着魅力无穷的美。

地球上的有机物与有机物之间存在着极为重要的食物链，任何一种物种的灭亡或过度发展，都会影响其他生物的生存。人类的过度繁衍，已经造成了生态的失衡，这种失衡反过来必将危及人类的生存。承认生态在环境美中的基础地位，将生态平衡看作环境美的题中应有之义，是非常重要的。

生态是环境美的基础，但任何美都是对人而言的，离不开人。没有人参与的生态或者对人不具有任何意义的生态，即使生态条件非常好，也没有美的存在。就环境来说，只要是环境，它就与人的生存和生活相关。人与环境实行着能量的交换，正如美国学者阿诺德·柏林特所说："我们与我们所居住的环境之间并没有明显的分界线。在我们呼吸时我们也同时吸入了空气中的污染物，并把它吸收到了我们的血液中，它成了我们身体的一部分。"更重要的是，人将自己的活动作用于环境，使环境打上人的各种不同意义和形象的痕迹。这就是"自然的人化"。马克思说："通过工业——尽管以异化的形式——形成的自然界，是真正的、人类学的自然界。"自然人化的产物就是人类文明。环境作为自然人化的产物必然具有文明性，这文明性也凝聚在环境美之中，成为环境美的重要性质。由于人的出现，整个地球的自然界与人的关系发生了变化，尽管不是所有自然物与人发生了直接的关系——物质的或精神的，但由于物质世界的联系性，很难将某一自然物孤立起来看待，从理论层面，我们可以说，整个地球上的自然界都成了人的对象，都"人化"了。

从人类发展史来说，人的任何一种行动方式都积淀着深厚的历史文化内涵，都是某一特定生产力发展水平、生产关系形态、社会习俗及其他各种因素综合作用的产物。这种行为方式，体现着一定的文明水平，是环境的重要因素，也是构成环境美的重要因素。一个地方的环境美离不开这种文明性。

不同人群的生活方式，作为文明的积淀，有两种形态。一种是动态的，表现为一定的活动，包括生产活动、政治活动、宗教活动、艺术活动和各种日常生活活动。另一种表现为静态的物资，如房屋、服饰、艺术品、生产工具等。这两种形态在人实在的生活中是结合在一起的，它们共同构成当地环境美的因素。

环境总是相对于主体而言的。人的行动方式对于行动的主体（自身）来说，不是环境，但对于非行动的另一主体（别人）来说，就是环境。我们到苗族聚居的地区去旅游，对于旅游者来说，苗族同胞的生活方式就是环境。即使对于苗族居民来说，他的生活方式也具有两重性，当他以行动者的身份行动时，他的行动不是环境，但当他以欣赏者的身份欣赏同胞的行动时，同胞的行动对于他来说就构成了环境。

环境美学的哲学基础应是两种：生态主义和文明主义。环境美的来源也应是两种：生态和文明。这两者缺一不可，而且是结合在一起的。离开生态，人生存很困难，这样的环境当然谈不上美；但是，如果离开文明，"人"——脱离动物的人——文明人其实就不存在，生态也就没有意义。

2. 真实性与生活性

环境是真实的。这是绝对的真理，是环境美的重要特点。它是物质性的、实际存在的。艺术也是真实的，但真实性是人们虚拟的，是艺术的一个重要的特征。生活美在很大程度上与大自然和生活质量有着密切关系，这是环境美的本质特征。美化城市绝不是纯粹为了装饰环境，提高审美情趣，而是改造环境。提高环境质量是最简洁、最明确和最重要的表现。

3. 综合性与整体性

美通常有艺术美、社会生活美、自然美、技术美，等等。环境美学与它们既相关又不同。环境美是各种美的综合形态，是它们相互作用的结果。这种作用有正面和负面两种情况。正面的作用指各种构成环境的因素相互作用构成的审美效果大于它们的总和，而非个别美破坏其整体美。相反，个体以其独特的美破坏了整体的和谐美，这就是负面的影响。在环境美的创造中，和谐是金科玉律。一座城市，即使有美丽的自然风景，但它的居民素质很低，这样的环境也不能被视为美。环境美体现美的完整性，可在现实的意义上，也体现在这一环境的历史中。换句话说，环境美不仅体现在空间的完整性上，也体现在时间的完整性上。空间的整体性有时必须让步于时间的整体性。

4. 家园化

环境的生态性、文明性、宜人性是从不同维度说的。生态性持的是科学的维度，它立足于人类的立场，是人类与自然的统一。文明性持的是人文的维度，它立足于人类某一族群的立场。这里，族群主要指的是民族，不同的民族有不同的生活方式、不同的生产方式、不同的生活水准、不同的观念形态，其所构成的环境，显示出民族文化的特色。宜人性兼指自然与人文两个方面的内容，主要立足于个体生命的立场，重在环境对生命，包括肉体生命与精神生命两者的意义。

人在兼具生态性、文明性和宜人性的环境中生活，这样的环境于他就是家。家园感是环境最根本的性质。

环境对人具有极其重要的意义，我们可以从许多不同的维度来认识。从人类生命的维度来看，环境有以下两个方面的重要意义。

（1）环境是人的生命之本

人是环境的产物，这环境首先是自然环境。维持人生命的最基本物资材料，包括空气、水、食物等无一不来自自然。人的肉体的任何元素也都是自然物质化合而来的。从这个意义上讲，自然环境是人的自然生命之源。

人是群体动物，这群体就是社会。虽然自然环境给了人自然的生命，但社会环境给了人社会的生命。离开自然环境，人就没有了自然的生命，而离开了社会环境，人就没有社会的生命。

人的生命也可以分为物质生命和精神生命两方面。物质生命即肉体生命，主要来源于自然界，但人类维持肉体生命所需要的物质资料的生产，其实是不能离开整个社会协作的。因此，也可以说人的物质生命来自自然与社会的合作。人的精神生命是人的生命高于动植物生命所在，它同样来自自然与社会的协作。因此，不论从自然生命和社会生命的产生来说，还是从物质生命与精神生命之源来说，环境都称得上是人的生命之本。

（2）人的发展依赖环境

环境不仅造就了人的生命，而且人的生命发展也必须依赖环境。环境在不断地变化着，人类为了自身生命的存在与发展必须要适应环境，否则就会为环境所淘汰。地球上曾经存在过的许多生物就是因为不能适应地球上的变化而消亡了。从这个意义上讲，正是环境不停地运动这一不容置疑的铁的法则迫使人类不能消极地生存，而要积极地生存。所谓积极地生存，就是强化或激发适应环境的正能量，弱化或抑制不适应环境的负能量，在顺应环境中发展生命。这种发展其实也就是生存，积极地生存。可以说，正是环境自身的运动和变化给了人类生命发展以原动力。人类的发展需要智慧，人类智慧的根本源头也来自环境。环境中，自然是基础。人类智慧之一的自然科学是自然界运动规律的相对正确的揭示。社会也是环境，亦如自然，社会也有其客观规律，对这种规律的认识，构成了人类智慧的另一个重要组成部分。

人类的发展与环境的发展息息相关。一方面，人类从环境中获得原动力和智慧；另一方面，由于环境中本也有人，人参与了环境创造，所以，人的发展也推动了环境的发展。

家是生活概念，也是哲学概念，是这两者的统一。但是，对于环境美学来说，生活性是基础，"家"是实实在在的生活概念。

环境美的根本性质是家园感，家园感主要表现为环境对人的亲和性、生活性和人对环境的依恋感、归属感。

人对环境天然地有一种依恋感。美国学者段义孚将这种感情称为"恋地情结"。这种对大地的依恋感，既好像儿女依恋母亲，又好像夫妻相互依恋。这是一种类似于对家庭的依恋，所以我们将这种依恋感称为家园感。

家园感作为人类的一种本质性的情感，是可以细分为若干层次的。

一是从人类学意义上所体现出来的人类对自然、对社会的依恋。这就是我们上文所说的人类与环境的那种生命关系，这种关系激发出一种人类对自然、对社会的情感。这种情感相对来说，比较理性化，也比较抽象。

二是从伦理学意义上所体现的人类对祖国、对民族发源地、对故乡、对亲人的深深依恋。苏联教育家苏霍姆林斯基说："我们应尽力使每一个学生在青少年时期真正看到田野、树林和河流，到过那些无名的、偏僻的角落，因为正是这些东西的独特的美构成了我们祖国的美，我们拄着棍棒，背着行囊，到家乡各地去旅行。这些旅行跟阅读好书一样是不可缺少的。只有青少年时期在家乡的土地上做过几千米旅行的学生，他才能体会到祖国的美，对祖国怀有眷恋之情。"这种情感的对象，可能是整个祖国大地，也可能就是自己的家乡。唐代诗人杜甫在安史之乱时流落四川，他十分地思念家乡，在诗中，他写道："露从今夜白，月是故乡明。"此时，他的心中所依恋的"故乡"是有妻儿老小的那个故乡，那个故乡的象征就是那轮照耀着他家屋顶的明月。

三是从人生哲学意义上所体现出来的人类对自然山水的依恋。孔子说的"知者乐水，仁者乐山"属于此类。《世说新语·任诞》载，中国晋代名士王子猷在临时租借的住宅周围种竹，人皆不解，而王子猷啸咏良久，直指竹曰："何可一日无此君。"

四是从心理调控意义上体现出人类对自然山水的依恋。比如，美国著名哲学家乔治·桑塔耶纳说："自然也往往是我们的第二情人，她对我们的第一次失恋发出安慰。"

五是从实际的生活意义所体现出来的人类对自己所居住的环境的依恋。

以上五点中，前四点均有较强的精神性，而第五点则侧重于生活的实在性。

各种不同层面、不同意义、不同大小的环境都是我们的家。地球上的所有环境都是彼此联系的，它们有着或远或近、或亲或疏、或显或隐、或大或小的关系。

珍惜环境，就是珍惜我们的家。环境有大有小，在于以什么样的主体身份和从什么角度去看。如果以人类为主体，那么，地球是人类的环境；如果只是以一个住宅小区的居民的身份为主体，那么，这个住宅小区就是他的环境。

　　自然是环境的基础，但任何环境均与人相关，因而均具有一定的社会性。因此，环境是兼合自然与社会二者的。没有较高质量的社会环境，就很难保护好自然环境。一个城市，如果自然环境、历史环境遭到严重破坏，除了不可克服的自然原因或社会原因外，很大程度上是因为这个城市社会环境比较糟糕，城市管理者的人文素质较低。

　　环境作为人的家园，既是空间的，也是历史的。历史既是自然史，也是人文史。人类现在的环境，既是自然变化的产物，也是社会发展的产物。现实存在的任何具体环境，无不是自然史和人类史的结晶。一部家园的变化史就是自然与人类合力史的集中而又精美的显现。只要稍许想想人类如何从蛮荒中走出来创造文明的历史，心中就充满着激动与自豪。从这个意义上讲，环境作为人的家，既是温馨的，也是崇高的。

　　自然环境与自然资源往往是统一的。自然作为资源，它是人类开发的对象，作为环境，它又是人类的家。这里，切记要处理好二者的关系。人不可能不开发资源，但不能将开发变成掠夺。开发与掠夺的根本区别在于心中有没有"家"的理念。有"家"的理念，就有"不忍之心"，哪怕对没有生命的无机自然界。如果没有"家"的理念，就会没有"不忍之心"，不仅会肆意残害自然生灵——动物、植物，也会肆意残害自己的同类——人。

　　值得强调的是，人类只是地球上的公民之一，人类无权也无力独霸地球。基于人类与自然界诸多的有机物、无机物存在着极为复杂而又精致的生态关系，即使仅为了自身的利益，人类也不能不考虑其他有机物、无机物的生存状态。从生态平衡的意义上讲，人与其他生物完全是平等的，都是生物链上的一环，所有环的重要性是一样的。

　　基于自身的生存和发展，人不可能不侵害别的生物。但是，这种侵害必须以维持整个地球的生态平衡为前提，而为了维护这种生态平衡，人类必须克制自己的贪欲，必须将征服自然的行动控制在一定的程度之内。在某种情况下，为了生态平衡这一宇宙生命整体的利益，人还必须做出一定的牺牲。

　　以人为本是相对的，不是绝对的；是有前提的，不是没有前提的。维护、建设良好的生态平衡，从表面上看，是让利于其他生物；从根本上讲，是让人更好地生存和发展。维护、建设良好的生态平衡，是以人为本的最高体现。人类必须在观念上明确，地球不只是人类的家，也是其他诸多生物的家，是我们共同的家。维护地球整体上的生态平衡，就是珍惜我们自己的家。

（二）环境美的功能

1. 宜居

宜人，首先要宜居。"居"可用于广泛的意义上，就是我们的生活、工作和居住。具体来说，可以分为两个层次。第一个层次是宜居。决定宜居的两方面因素：一个是自然条件，另一个社会条件。第二个层次是乐居。乐居侧重于人们的精神生活，看它是否给居住的人带来了美的感受。第二个层次是以第一个层次为基础的。乐居在注重生活质量上更甚于宜居。

宜居是指有良好的生态状况，具体而言，可分为以下 5 个级别。

（1）健康

健康的环境取决于：①新鲜空气；②干净的饮用水；③气温宜人；④无噪音；⑤无严重损害人类健康的其他因素。

（2）安全

在这里，安全主要是指人身安全和财产安全，如这里的安全状况如何，保护人身和财产安全的设施如何。

（3）方便

方便是一个适宜居住的环境的重要条件之一。

（4）符合人们的利益要求

一个人选择一个城市作为他的居住地，总是有很多原因的，其中符合他的利益要求是重要因素。

（5）有足够的空间

对居住者来说，居住地有足够的空间是至关重要的。过度拥挤的城市是不宜居的，即使它有许多优点。足够的空间包括：①建筑物和自然的比例；②绿色空间的比例，即有足够的绿色空间；③建筑及开放空间（包括广场、草地）的比例；④建筑和道路的比例，即路面必须有足够的空间；⑤车道和人行道的比例，即人行道有足够的空间；⑥建筑与建筑空间组合的比例。这些都是宜居的基本要求，在宜居的基础上，我们还在进一步追求乐居。

2. 宜游

环境之于人类最重要的意义，即环境是人的生命之源，生存之源。除了乐居，人们对环境有另一个审美要求——乐游。游是人类的动态生存状态。

当今的宜游主要有以下三大重要特色。

（1）历史和文化之旅

人是存在于历史中的，现实实际上是人类文明的积累。

（2）突出原生态旅游

现代旅游的人最注重的是原始生态旅游。

（3）探险之旅

世界上有许多种人，他们生活在不同的地区，有不同的生活方式，他们的生活方式在地球上形成了壮观的文化景观。当今，人们看惯了千篇一律钢筋水泥的城市，更倾向于到陌生的神秘地带来一场探险之旅。

三个不同主题的旅游，各有各的特色。探险之旅，表现了人类擅于探索未知的本性。环境美的两个主要功能——宜居和宜游，毫无疑问，宜居是第一位的，宜居与宜游并不是对立的，游是不能破坏居的。一般来说，宜居的地方也是宜游的地方。欧洲有许多小城镇，并不是为旅行的需要建立起来的，建设只是为了活着，但现在它们是重要的观光场所。中国也有这样的小镇。比如，江南周庄、乌镇、娄源等非常受游客的青睐。要知道，游客不仅欣赏奇山秀水、非凡的景观，还欣赏普通人家、普通的小巷。

第二节　建筑环境中的审美意识

建筑环境的艺术可以用不同的形式表现出来，满足使用者不同的审美需求，使其感受建筑物的各种特质带来的享受。建筑环境中审美意识的应用会使人产生不同的视觉、心理享受。只有真正地在建筑物的设计以及施工工程中将这些意识加进去才能将其称为完美的建筑。审美意识并不是盲目的元素投入，不同的元素带来的是不同的视觉、心理感受。在不同的场合要求不同的元素融入，适当的建筑风格会产生事半功倍的效果，反之则会事倍功半。建筑的造型、色彩、空间、装饰、质感等都是其体现的内容。

一、审美意识的含义

审美意识是主体对客观感性形象的美学属性的能动反映。人的审美感觉、情趣、经验、观点和理想等都是能够反映的载体。人的审美意识起源于人与自然的相互作用过程中。自然物的色彩和形象特征，如清澈、秀丽、壮观、优雅等，使人在体验过程中得到美的感受。并且，人也是按照加强这种感受的方向来改造和保护环境的，由此形成和发展了人的审美意识。审美意识与社会实践发展水平有关，并受社会制约。随着社会的发展，审美意识将不断提高，但同时具有人的个性特征。

在当代，审美意识和环境意识的相互渗透作用更加强化。审美意识是人类保护环境的一种情感动力，促进了环境意识的发展，并部分地渗透到环境意识中，成为重要内容。人对环境的审美经验、情趣、理想、观点等多种形式的审美意识，也是环境意识必须包含的内容。审美能够陶冶人的情操，提升人的修养。

建筑从诞生到现在，除了建筑的功能、形式、材料、技术都在不断地演进和变化，人类对建筑艺术的审美标准也随着经济、政治、社会文化和科学技术的发展而不断丰富，建筑审美意识在不同时代也会产生不同的表现形式。

二、审美意识在建筑环境中的体现

（一）建筑造型

建筑造型体现建筑的特点，同时关系到用户和公众对它的感知。在建筑形体和立面设计中，建筑的各种功能要和周边的环境联系起来，进行统一的构思，遵循统一、变化、对称、韵律和比例的美学要求。关键原则是统一中求对比，对比中找变化，抓住点、线、面、体四位一体等各造型元素之间的关系，为统一的主题服务。设计时要注重立面造型的比例尺度、虚实对比、点线面结合。造型的设计关系到整个建筑物是否符合使用者的需求，这也是很重要的审美意识体现。

（二）建筑色彩

各种不同的色彩能够产生不同的情感表达。建筑设计中选配色彩时，首先要考虑建筑物的性质，其次要考虑光线和与周边环境的关系，最后要处理好色相、明度、纯度和色彩冷暖之间的关系。配色时按照建筑的象征意义和空间的使用性质采用同种色、邻近色、对比色进行搭配，遵守协调统一的原则。选配色彩时要注意光线的影响。例如，严肃、理性的场所应采用纯度和明度相对低的色彩作为主色调，通常采用同种色和邻近色对比；活跃的娱乐空间可采用强对比配色方式；银行、证券公司等金融建筑的色彩选配上要注意避免轻浮和花哨，要使储户产生信任的感觉；医疗机构建筑行业色彩的选配以高明度的冷色调为主，能让医患人员感觉干净和轻松，确保医疗操作的高准确率。

（三）空间因素

产生建筑空间的根本目的就是为人服务，这是几千年前老子在《道德经》中的观点。空间除可以容纳装饰以及供人们生活以外，还可以将前、后、左、右、上、下各房间连续起来，通过导向和序列创造出层层推进的艺术效果。人们在其中游走犹如欣赏乐曲的乐章一样感受到序曲、渐进、跌宕、高潮、尾声等，还可以通过处理上、下空间的贯穿，产生空灵与贯通的感受。在建筑里穿行让人体会感到张弛收放，产生人与建筑的对话，这就是空间因素在建筑中的作用体现。

（四）装饰元素

装饰元素能够提高建筑外观和空间的文化艺术特质。建筑物的装饰元素可以为使用者提供不同的文化特质。为表达建筑物的文化艺术情趣，应该根据类型、民族、地域的不同采用不同的装饰风格。例如，少数民族的图腾应用于建筑上时，它的标识性会使受众对他们的文化产生神秘感。欧式风格的建筑群会使受众产生神秘独特的上帝情结。

（五）质感

材料的质感不仅是表现建筑物特性的方式，会使人对建筑产生坚固、灵巧、硬朗、柔软、精致、粗犷、冷、暖等感觉，也是表现了使用者的品位。在建筑选材上除了要考虑材料的施工难易程度、温湿度调节等因素以外，重点还要考虑不同材料的质感给受众带来的不同视觉感受和心理感受。这些细节的处理都会让使用者产生不同的看法。粗糙的素混凝土可以使人产生粗犷和厚重的感觉；钢结构和玻璃幕墙会使人产生科技与理性感；悬索结构会使人产生灵巧感。材质的选择也要讲究统一的原则，应以一到两种材料作为主要的统领性材料，再配以其他的材料作点缀，在统一的原则下，根据不同的顾客采取不同质地的材料进行搭配。

第三节　建筑环境的美学表现

一、建筑环境的整体美

"整体"是一个异常古老的美学概念。一个人的体态美，是因为他的躯干完整、四肢匀称；一棵树的形态美，是因为它茎梢齐备、叶茂枝繁；一束花的姿色美，是因为它结瓣成朵、绿叶相扶。那么，一幢建筑物的形态美按照传统的古典美学观念，是因为它有"头"（屋顶）、有"尾"（基座）、有"身"（墙体），即所谓的"左右对称""上下三段"。因此，整体的形态美不但是一个古老的美学概念，而且反映了一种普遍的美学认知，它始终是人们心目中一种极富魅力的美感特征，似乎谁都不愿意且无法挑战它、撼动它和抛弃它。

"一座城市也允许在设计和形式上表现得不够完善。""对总体的特殊责任是鼓励片段；建筑本身在某个地方是整体，在更大的整体中是片段。"

美国后现代建筑家文丘里在这里倡导"不够完善"和"鼓励片段"的建筑形式，是对建筑整体美的抹杀，也是对建筑整体美的提倡。显然，他的目的并不是取消建筑的整体美，而是主张在"更大的整体中"去处理建筑上的"整体"和"片段"之间的微妙关系。这就直接涉及作为"整体"的建筑环境美了。

我们知道，历史上各种风格的建筑艺术大都反映了一定的整体美学观念。拿欧洲文艺复兴时期的古典建筑来说，其不仅在整体的立面处理上惯于运用"上下三段""左右对称"，而且往往在建筑局部处理上也力求完善、对称。不仅正立面如此，侧立面也如此，甚至一墙一柱、一门一窗、一龛一饰，也都表现出个体自身的独立性、完整性和对称性。事实上，古典建筑艺术已经把建筑"整体美"的形态发展到某种极端化、绝对化的地步了。作为特定文化观念和环境条件下的产物，它追求的是一种"整体"性的自我完善、自我封闭和自我净化。如果说，这种出自个体独立的整体美学思想曾在许多古典建筑，尤其是那些隆重的"纪念碑式"的大型华美建筑中大放光彩，那么，它对于现代城市环境中大量涌现的新建筑已经难以适应了。

大量的事实表明，现代建筑的整体观念往往不在于求得建筑自身形象的"尽善尽美"，而在于求得它与整体环境的和谐相融。常有这样的情况出现：一幢建筑，孤立地看显得"完美无缺"，但是三幢四幢、十幢八幢建筑摆在一起，由于它们各自为营、自成一体，那么，它们在整体上反而显得不美了。相反，有时一幢建筑物单独看来并不完善乃至平淡无奇，但由于建筑群体的相互作用反而使它在总体环境中显得协调得体。例如，北京长安大街中段于20世纪50年代出现的一组崭新建筑——民族文化宫、民族饭店和当时的水产部办公楼为例，这三幢相互毗邻的建筑，单个说来其外部造型都各有特色，特别是中间那座比例修长、亭亭玉立、绿顶白墙、体态秀美并透出中国古典建筑艺术气息的"民族文化宫"，更显示了经久不衰的审美价值。可惜的是，把它和近旁那一黄一灰、一左一右的另外两幢高楼放在一起，却显得格格不入，难以匹配成"美"的整体。三个"高明"的演奏者，他们各自同时奏起三首悠扬动听而又截然不同的乐曲，致使局部的"悦耳声"让整体的"聒噪声"给冲淡、淹没和抵消了。单体建筑的成功、群体关系的相悖，致使这组建筑在与其相去不远的古老紫禁城中那纵横开阖、一气呵成的和谐、整体性美感面前，显得相形见绌。

两千多年前的亚里士多德就提出过"整体大于它的各部分的总和"这一美学思想。近代"完形论"美学家也提出过"局部相加不等于整体"。其实，整体不仅可以"大于"其各部分之和，而且可以"小于"其各部分之和。"美加美"可以等于"美"，"美加美"也可以等于"不美"；前者产生整体美的"正效应"，后者则产生整体美的"负效应"。这种情况在建筑物与建筑物之间的相互关系中并不少见。可以说，欣赏建筑艺术同欣赏其他艺术品一样，必须善于把握美的整体特性，因为"无论在什么情况下，假如不能把握事物的整体或统一结构，就永远也不能创造和欣赏艺术品"。只不过对现代建筑来说，这种整体的"统一结构"往往不是首先表现在个体建筑的"自我完善"上的，而是首先表现在建筑环境的整体关系上的。

放眼世界，现代建筑美的创造越来越从建筑个体转向建筑环境。埃罗·沙里宁说："我们正开始不再强调对个体建筑的注意，而更多地考虑各类建筑物相互之间的关系了。"在今天的建筑艺术创作中，常常出现这样一种有趣的"反比"现象：越是脱离整体去"关注"个体，其结果往往是越"关注"越糟糕。建筑艺术的所谓"个性""特色""生动""鲜明"等美好愿景，都应当被纳入建筑美的整体环境之中。对于个体建筑的艺术创造来说，环境需要它担任"主角"，它就得扮演好"主角"，当仁不让；环境需要它作"配角"，它就不能"反宾为主"而应当"自谦""自让"，乃至甘于"隐没"。西方建筑史上有这样一个传为佳话的典型范例。在意大利佛罗伦萨的一个广场上，有一幢叫作弃婴医院的古典式建筑，它是 15 世纪文艺复兴时期著名建筑艺术家伯鲁乃列斯基设计的杰作。大约 90 年后，有一位叫米切罗佐的建筑师在其广场的对面设计了另一幢建筑，它的造型风格和弃婴医院十分匹配，表现了对整体环境的高度尊重。直到今天，像贝聿铭这样声名显赫的现代建筑家还称赞这样做是"非常文明的、有高度的教养"。

当然，提倡尊重整体环境，并不是"颂古非今"，也不是"以新就古"，而是提倡那种积极的整体环境观念。这也并非取消建筑的个体特色和富有表现力的艺术个性，而是主张将这种"特色"和"个性"消融在建筑环境的整体特色之中。因为个体建筑的"特色美"一旦离开环境整体，就会由美变丑，那也就等于取消了"特色"。那么，对于现代建筑艺术的惊世之作——坐落在纽约第五街上的那个"大蘑菇"似的古根海姆美术馆，这个仿佛突然从地心窜出来的"怪物"，造型是如此奇特、孤傲，以致同这条大街上的"左邻右舍"形成了巨大的形体反差和性格差异。这难道是设计者赖特缺乏起码的整体环境美的常识，抑或是在耍弄城市环境？不，当赖特把这个上大下小层层盘旋的独特圆形体量摆在这里的时候，它已经不同于一般的建筑了。就是说，它事实上成了众目睽睽下的一尊"巨型雕塑品"，从而以另一种方式和手法丰富了街区的整体面貌。这个被称为"神话般的诱人而美丽的建筑物"，只是在特定条件下，在与环境的强力对比中去寻求整体美的一个特例。可想而知，类似这样的建筑在这条街上也只能有一个，假如来它个三个、四个，乃至十个、八个，那该是一种"刺眼炫目"的环境"艺术效果"。

我们看到，建筑及其环境的"整体"概念具有相对性。一幢建筑物的局部和这幢建筑相比，这幢建筑是"整体"；一幢建筑和一群建筑相比，这群建筑是"整体"；一群建筑和其所在的街道、广场相比，这条街道、广场又是"整体"；一条街道、一个广场和整个城市相比，则所在城市又是更大的整体。推而广之，如果建筑处在某个风景优美的自然环境下，则建筑又必须融于自然环境，因而"建筑"与"自然"共同组成了一个宏观的"整体"。总之，整体环境具有无限可分性。

二、建筑环境的系统美

从个体到群体，从群体到街道、广场，从街道、广场到城市整体，从建筑、城市到自然，它们层层相属，共生共存，构成了建筑及其环境美的相关性、依存性和层次性。一言以蔽之，也就是建筑环境美的系统性。从"系统"的观点来考察，建筑环境及其美的成因确实是一个复杂、多元、多层面的大系统。"自然—半自然、半人工—人工""城市—街道、广场—建筑""室外—室内外结合部—室内"，等等，它们各自组成了建筑环境系统中从宏观、中观到微观的不同层次。在城市和建筑中，从室外的一场一院、一草一木，到室内的一桌一几、一器一物，都是建筑环境美的系统构成要素。所谓"片石多致，寸草生情"，正说明了这个道理。

建筑环境美系统性的实质在于强调建筑与环境的有机结合。建筑与建筑、建筑与自然、建筑中各种环境中的物态化要素，都在环境艺术美的系统秩序中相济互补、和谐共存。但是，建筑与环境的塑造手段及其所呈现的美感形态，却是极其生动变化、多种多样，而不是僵化呆板、一成不变的。在建筑与环境的结合上，既有像拉萨布达拉宫那种与山势浑然一体的"雄伟壮观美"，又有像"流水别墅"那样与山石水瀑打成一片的"错落多姿美"；既可以像威廉·莫盖设计的海滨住宅"绿色之丘"那样，使建筑外表布满植被，以求得建筑与自然环境的有机协调，也可以像理查德·迈耶设计的道格拉斯住宅那样，使建筑全身洁白如洗，与浓荫覆郁的深色背景形成强烈色泽反差和鲜明对比。

建筑环境美的奥妙在于"结合"。建筑与环境要素的"协调"是一种结合，建筑与环境要素的"对比"也是一种结合，二者都可以取得统一和谐的美学效果。无论是建筑环境中的自然要素、人工要素，还是文脉要素，都应当区别情况，采取不同的结合方式。在当代建筑艺术思潮与流派中，出现了所谓"灰色派""白色派"与"银色派"（又称"光亮派"），其实它们就是各以其独特的方式与周围环境进行关联性"对话"，以便求得不同格调、不同追求和不同审美表现的建筑环境美。"灰色派"以其经过变异的历史性或世俗性建筑造型语汇，通过"文脉协调"求得建筑与环境的结合；"白色派"以其纯净白洁的几何形体，通过"形态对比"求得建筑与环境的结合；"银色派"则利用建筑表面大片镜面玻璃的特殊光影效果，通过"景物反射"求得建筑与环境的结合。所有这些，尽管它们与环境结合的方式不同，各自所产生的美感效果不同，但都不失为建筑环境美的新探求。至于"解构派"建筑师弗兰克·盖里所设计的西班牙毕尔巴鄂古根海姆美术馆，之所以被人们赞誉"用一栋建筑拯救了一座城市"，是因为它反映了一种建筑与城市、建筑与环境关系的设计理念。只有把它放到特定城市环境的时空背景下才能做出有意义的回答。当然，最有发言权的还是生活在那里的城市居民和社会大众。而一切所谓"结合""协调""对比"等建筑与环境美学词汇，在这一"另类"作品面前似乎都显得捉襟见肘、无能为力——姑且把它看作城市与建筑环境中的特例。

三、建筑环境的综合美

建筑环境艺术的主旨不但要创造和谐统一的"环境建筑"，而且要建造丰富多彩的"建筑环境"。除了建筑物之外，不仅环境小品、喷泉、水池、山石、花木等园林景观必须成为建筑环境的有机组成部分，而且那些室内外的雕塑、壁画、工艺品、地毯、壁挂、装潢、家具、陈设等，也都直接为建筑环境艺术注入"美"的生机，这就是建筑环境美的综合性。

建筑历来就有"环境艺术之母"的美称。在中国传统建筑艺术中，那些石狮、石马、石人、石象，牌楼、石坊、旗杆、华表等雕塑和标志物，还有书法、铭刻、匾额、楹联以及线描图案等平面性点缀物，不但具有其自身的艺术审美价值，而且对建筑起着必不可少的烘托、陪衬作用，渲染和强化了建筑环境艺术的氛围。故宫建筑的美，固然是整体布局、空间气势和建筑本体造型艺术上的成功，但那些华表、石栏、拱桥、御道、龙壁、铜鹤、铜龟、嘉量、日晷等立体或平面的、抽象或具象的艺术小品，亦对丰富和点缀整体建筑环境起了重要作用。就它们与主体建筑的关系而言，犹似音乐上的"小调"之与"大调"，彼此在统一变化的和谐乐章中交相混响。

在欧洲，像米开朗琪罗、达·芬奇、拉斐尔那样的多才多艺的古代巨匠，他们的某些建筑作品绚丽璀璨，而他们结合建筑环境创作的雕塑或绘画艺术作品同样精彩纷呈，并成为建筑艺术中不可分割的组成部分。可以说，古代的许多雕塑、绘画等艺术作品，事实上成了建筑的"共生体"。14、15世纪建造的意大利米兰大教堂，在它的内外空间环境中布置了数以千尊千姿百态、形神各异的精美雕像，从而以"雕像最多的建筑物"著称于世，为建筑增添了引人入胜的艺术光彩。

建筑自古就和某些艺术门类结下了亲缘关系。到今天，它们已经相互走近、靠拢和融合，逐渐在学科的边缘地带形成一门新型的综合艺术——"环境艺术"。如果说，古代的雕塑、绘画艺术形式着重是为建筑个体增辉溢美的，那么，现代的雕塑、绘画等各种艺术形式则着眼于整体建筑环境的美化和创造。以现代环境雕塑为例，它们之中有抽象的或写实的，有规则的或自由的，有动态的或静态的，有石头的或金属的，有色调鲜明的或质朴无华的，有硬质的（实体材料）或软质的（水雕、绿雕），有单纯视觉的或视听结合的，有大型的或小型的，等等。所有这些雕塑品，都在城市和建筑环境中起着艺术点缀、活跃气氛和美化生活的作用。美国芝加哥联邦政府中心广场上的"火烈鸟"大型金属雕塑，洛杉矶阿克广场上的"双螺旋梯"雕塑，二者均以艳红夺目的色调，弯曲、轻盈、自由、通透的形体，与它们周围高大沉重的灰色"火柴盒"建筑形成了鲜明对比，并相互映照。雕塑因建筑的衬托而显其生机勃勃、情趣盎然，建筑因雕塑的点饰而减弱其一本正经、刻板单调。这些城雕的巧妙构思和设置，好比"一棋投下，全局皆活"。这个"全局"，就是城市中的街道、广场、游园、庭院，就是包括建筑在内的整体外部环境。"牡丹虽好，尚须绿叶扶持。"也就是说，真正优秀的环境艺术作品，不应该变成可有可无的"摆设"，而应与建筑环境一起"生长"。

黑格尔指出："雕塑毕竟还是和它的环境有重要的联系""艺术家不应该先把雕塑作品完全雕好，然后再考虑把它摆在什么地方，而是在构思时就要联系到一定的外在世界和它的空间形式和地方部位。在这一点上雕刻仍应经常联系建筑空间"。他又说："雕塑作品也可以用来点缀厅堂、台阶、花园、公共场所、门楼、个别的石柱、凯旋门之类建筑，使气氛显得更活跃些。"

各种环境艺术品之所以成为"环境艺术"的组成部分，就是因为它们总是联系着一定的"外在世界"，联系着建筑的"空间形式""地方部位"和"总的环境"。雕刻是这样，壁画是这样，其他各种环境艺术品也都是这样。它们和建筑艺术一起，共同体现出建筑环境美的整体性、系统性和综合性。也正如阿恩海姆所说的那样："一幅画和一件雕塑品也可以不同程度地成为一个更大环境的一个组成部分，而它们在这个总的环境中的位置，便可以决定它们所必须具备的内容的种类和数量。"换句话说，就是对一切建筑和城市中的环境艺术而言，"环境"决定"艺术"，"艺术"丰富"环境"。一件绘画作品如此，一件雕塑品如此，一切形式的环境艺术作品莫不如此。

第六章　当代城市建筑形式的审美困境与突破

自 20 世纪 80 年代以来，中国开始了大规模的城市化进程。与西方国家相比，我国城市化进程在时间上晚了一个多世纪，但城市化的进程极为迅速。到 21 世纪初，我国的城市化已达到 36%，沿海一些省份更是达到了 46% 的水平，城市建设在如火如荼地开展。但是，我国当前的城市发展很大程度上是一种粗放式的发展，一味地追求建筑规模的扩大，而忽视了城市建筑景观的设计。虽然近年来已经陆续有城市发现了这一问题，有意识地在扩大规模的同时进行建筑景观的美学设计，但由于种种原因，依然陷入了城市建筑的审美困境中。

第一节　城市美学与城市景观设计概述

一、城市美学的内涵

城市是人类文化的结晶，是人类文明的象征，具有体现人类物质文化水平和精神文明程度的特点。城市的形态、面貌及总体的布局反映了一个国家的物质生产发展水平，反映了一个社会人们的总体精神面貌。城市美学是研究城市美、城市审美和城市美实践一般规律的综合性人文学科。城市美学并不是单纯思辨式的美学，而是与城市建设活动、城市鉴赏活动密切相关的。相对一般的应用美学，将"城市美"单独提出来，是要借鉴环境美学，将城市美学具有的哲学性质凸显出来，强调城市美学对美学发展的促进作用。

研究城市美，是因为城市美学具有哲学思辨的功能。这是城市美学存在的价值，也是城市存在的价值。城市审美是城市美学研究的主体部分，而城市美实践的一般规律是城市美学研究的基础部分。

城市美学作为一个独立的美学分支学科，具有人文性和实践性两个特点。

（一）城市美学是人文性学科

美学是人文学科，城市美学也是人文学科。我国"科学"一词来自苏联，包括自然与社会科学，不包括人文学科。当时苏联的学术体系和学科体系建立时，是以数学为标准且以科学为真理进行的。但是20世纪以后，学者们认为科学与人文学科不同，科学具有数学定义般的真理性，而人文学科则是一种超越数据基础的人文性理论。城市美学是人文学科，科学与城市美学之间有着密切的关系，但城市美学作为人文学科在研究上与科学相异。

科学的发展对哲学和美学的影响是巨大的，进而科学对城市美学起推动作用。首先，从历史上看，美学的新流派和科学的新理论相形相随。比如，系统论催生了结构主义，相对论促进了解构主义的产生，而细胞说是生命美学的起源。可以说每一次科学的新发现都扩展了人们的视界，提供新的客体信息；而技术能改造客体使之符合主体的想象。其次，城市科学的发展，带来城市结构、功能的变化，为城市形态改变提供可能，这对城市美学来说都是新的话题。反过来，城市美学对城市科学有反作用力。城市美学是城市相关科研项目的立项需要考量的内容，而且往往还成为科学成果的鉴定、科学实验采用的方法的依据。城市美学为城市科学的发展指引方向。

学术研究有两种。一种是科学研究，另一种是非科学研究。自然科学是最典型的科学研究，社会科学是不典型的科学研究，而哲学、美学，还有对文学艺术等的研究都是非科学研究。

科学研究的结论是要被证明的，或者被证实，或者被证伪。被证实的叫真理，被证伪的叫谬误，没有被证明的叫假说。对于非科学的人文学科研究而言，它的结论很难被证明，既不能被证实，也不能被证伪，现在不能，将来也不能，没有哪一天能。对城市美学来说，也是如此。问"西湖的美是什么？"如果回答是规模。那么东湖面积更大，是不是更美？如果说是岸线的长短、曲折。那么在某地再创一个同样长短、曲折岸线的湖，是不是就可以跟西湖比拟？但是离开杭州，离开了白蛇传、东坡治西湖的传说历史，西湖就不再是西湖。因此，西湖的美是无法通过实验模拟的，西湖美的要素也无法从别的地方被验证。对于抽离美的事物要素或者脱离美的事物环境来讲，美是不成立的。

城市美学作为非科学的研究，是一个不断趋向正确、完善的过程，对城市美的本质、审美判断等研究只能说比较前人更为完善，但可能任何阶段的成果都不是终极结论。而城市美学研究方法需要定性与定量相结合，避免纯粹思辨，如对景观评价的相关经验也需要客观的分析接纳。

科学研究的结论开始都是假说，这就要证明，一旦被证明，它就只有两条出路：要么作为真理而被承认，要么作为谬误退出历史舞台。所以科学是会过时的。比如，"地心说"被证明是谬误以后，就不能再作为科学知识来传授了，只能作为错误的例子来引用。而按黑格尔对哲学与哲学史的理解，每一种美学观点都曾经是合理的，是在某一历史时期或历史环节上必然要出现的。当它们出现时，便已经把前面那个历史阶段和历史环节包含在自己身上了，同时又为下一个历史阶段和历史环节做准备。所以，由于美学是人文学科，美学的发展不断否定前人的观点，但是不等于前人的观点就错了、无用了，它只是以这种或那种形式存在于人们美的实践中。

城市美学研究需要具有历史的观点。美学理论与思潮纷繁复杂，各个时期层出不穷，城市美学不能片面地采用一家之言、一派之说，城市美学的观点需要在对美学发展有全面了解的基础上才能被提出。

（二）城市美学是实践性学科

城市美学是应用美学，跟生态美学、肯定美学等不一样，它是与城市建设实践紧密联系的。城市美学强调思辨，将其仅仅等同于应用规律、法则是浅薄的。但城市美学不可能停留在纯粹的思辨中，为城市所用是城市美学存在的基础。

城市美学的实践性，主要体现在以下三个方面。

①城市美学是城市需求的产物，是为了应对城市发展中产生的问题而产生的。城市中关于城市美的各种模糊认识，需要城市美学来解答。

②城市美学所涉及的原则、规律、法则等必须从城市实践中被找寻、提炼，也必须在实践中被验证、完善。

③指导城市美的实践是城市美学的最终目的所在，城市美必须通过实践来创造。

城市美学虽然不包括对城市建设行为的实际操作，但城市美学为城市美的实践指引方向。比如，文艺美学本身并不进行诗歌的书写、音乐的创作，但对这些作品进行评价、分析、判断，指引着实际美的创造。城市美学研究城市审美的规律和审美判断体系，聚集了关于城市美的一般规律和法则，对城市美的实践起指导作用。

二、城市景观的内涵

（一）景观

在汉语中，"景观"指某地区或某种类型的自然景色，也指人工创造的景色。设计实践中，我们可以理解"景观"是"人与自然的共同作品"。但实际上要确切定义这个名词是很困难的。我们在研究时可以把它简单理解为两个方面：一方面它包含客观存在并能被人所感知的事物；另一方面它人是对客观事物进行主观感受的结果，即对"景"与"观"的分别解释。这里的"解释"

135

是从建筑学及风景园林学中的概念延伸来的，它区别于地理学和生态学中的"景观"概念。在生态学中，景观设计的目的是保护及创造合理的景观生态格局，创造符合生态原则的环境空间。广义的景观规划设计现在已经涵盖了视觉景观、环境生态、人文景象的内容，但是我们在研究城市景观时，是以景观建筑学的理论为基础展开的。

（二）城市景观

城市景观的源头，最早可以追溯到园林的建造。目前，世界上被发现的最早的园林建于公元前16世纪的埃及。从其古代墓画中可以看到古埃及人模拟"绿洲"并运用几何学概念营造的世界上最早的规整式园林。

古巴比伦和波斯的庭园则多以"十"字形水池为中心。同时，巴比伦的空中花园所创造的园林奇迹还激发了后世造园家的想象力。

古希腊的造园艺术是经由波斯学到的西亚艺术，它已发展成住宅内部规整的柱廊园。由于雅典城邦的科学、文化、艺术的繁荣，还出现了供公众活动、游览的园林。可惜的是，这只是昙花一现的美丽，随着古希腊民主政体的冰消瓦解，这种公共园林也消失了。

古罗马继承了古希腊的传统，发展了山庄园林、别墅园林。而法国继承和发展了这种造园艺术，创造出法国规则式园林。从此，几乎欧洲所有国家都建造了规则式园林。

规则式园林受到批判是在8世纪中下叶，因为这种方式对自然环境的漠视态度淹没了自然应有的美丽与明媚。与此同时，欧洲文学领域兴起的浪漫主义运动崇尚自然的倾向对恢复传统的草地、树丛的自然风景园起了推动作用。

中国的园林景观最早见于史籍的是公元前11世纪西周的灵园，秦汉时期又发展为宫室园林"建筑宫苑"。著名的有汉代的上林苑、建章宫。魏晋南北朝出现了自然山水园，唐宋时发展出写意山水园，至明代已有专业的园林匠师。明代造园家主张"相地合宜、构图得体""虽由人作，宛自天开"，这些原则至今仍是中国传统造园的重要准则。这种传统造园的自然主义倾向与中国传统风水学所倡导的"屈曲生动，谐和有情"的美学观念是一脉相承的。其中，圆明园是中国山水园林美学思想的集大成者，达到了极高境界。

可见，在过去人类曾创造了那么多的自然和谐的园林景观，那是人类与自然合作的精美杰作。但随着西方现代工业的兴起、人口的增长以及城市规模的扩大使环境迅速恶化，人类与自然环境的相互平衡问题引起人们的注意。1850年，美国建筑师奥姆斯特德首创了"景观建筑师"一词，开创了景观建筑学，担负起维护和重构城市景观的使命。景观建筑学扩大了传统园林学的范围，从庭院设计扩大到城市公园、绿地、户外空间系统、自然保护区、大地景观和区域范围的景观规划。1901年，美国哈佛大学创立了世界上第一个景观建筑学系。

1940年，国际景观建筑师协会成立。20世纪60年代以后，随着后现代运动的兴起，城市景观的发展逐步摆脱了机械论的影响，走上多元化发展的轨道，甚至出现了如巴黎的拉·维来特公园那样的解构主义先锋派景观设计作品。

进入21世纪后，人们开始重新思索自然与文化的关系问题，"人居环境的可持续发展"是这一理性思索的结果，也是人类面临的重大发展主题。而景观建筑学，由于已发展成与城市规划、建筑学三足鼎立的横跨人居系统各层面的综合学科，其所起的作用比以往任何时候都重要。对此，国际景观建筑师联盟荣誉主席杰夫瑞·加里科指出，景观设计是各类艺术中一门最为综合的艺术。人类所创造的周围环境是人类抽象观念在自然界中的具体体现，这一切正以历史上从来没有构想过的尺度和规模，推动着景观艺术的发展。

一般情况下，城市景观包含自然景观与人文景观两个方面。在实际的设计过程中，自然景观与人文景观互相呼应融合，综合塑造了城市的整体环境。

1. 城市景观具有系统结构性

在凯文·林奇的《城市意象》中，城市景观由点、线、面构成了整体景观结构体系，这使得它具有很强的系统性。点是主要景观节点，被布置在城市特殊地段、具有指向和标识意义的局部，包括城市标志、广场、公园绿地等，是我们认知空间景观的起点和终点；线是以铁路、道路、商业街、江河等为骨架，形成环城、沿路、沿河的景观带，连接各个景观节点，是对于空间景观的认知过程；面是以城市功能结构分区为基础的景观分区，包括历史性景观区、功能性景观区、发展性景观区等。

2. 城市景观具有立体空间性

在城市化形成的初期，城市空间中主要是在低层低密度地延伸和扩展；但随着土地资源危机和地面空间紧缺压力的增大，迫使城市开始向空中发展。

19世纪末期以来，建筑工业技术的发展，为城市空间的垂直扩展不断提供新的可能，高层建筑逐渐控制了城市天际线。同时，随着交通量的增加，城市道路系统开始分层设置，向空中、地下发展，加速形成了高层、高架、高密度的现代空中城市形象。

3. 城市景观具有人工主导性

近代工业革命促进了城市空间的发展，人工环境成为空间主体，区别于乡村以自然景观为主的状况。城市景观包括建筑物、构筑物、街道广场、城市园林和环境小品等，是历史文化的集中体现。

4. 城市景观具有主观意象性

人们经过分析、对比和筛选，逐渐形成清晰的边界、轮廓和场所，形成主观意义上的感应空间和城市意象，从而来认识城市空间。城市意象是一种经验认识空间，是通过想象可以回忆出来的心理印象，是对城市客观形象的主观评价。

（三）我国现代城市景观发展的两个阶段

我国城市景观在现代的两个发展阶段是以 20 世纪 50 年代为界来划分的，第一阶段是 20 世纪 50 年代以前，第二阶段是 20 世纪 50 年代以后。

第一阶段的特点是单纯重视城市形体空间的设计，单纯追求城市的视觉美和构造城市的客体形象，严重地忽视了城市主体的经验和感受，陷入了一种逻辑与抽象的境地。城市景观被机械地生成，城市形象简单乏味，毫无个性。

第二阶段树立了"以人为本"的设计理论基础，从设计的内容到实质都发生了根本的改变。城市不再被仅仅作为一个聚落空间，而是成为具有场所精神的空间。城市景观的实践是建立在人们对城市的认知和感知的基础上的。城市景观的设计已经不再仅仅关注物质空间的设计，更关注人的需要，在不断挖掘城市历史文化的过程中彰显城市形象。

这两个阶段的发展体现了我国城市景观从单一到多元的趋势。城市景观的思想理念发生了根本的变化，在满足人的多元需求基础上注重整体而系统的具有历史文化内涵的城市景观塑造。

三、城市建筑景观设计的美学价值

城市景观设计是创造城市居民生活空间的艺术，是包括城市规划、城市设计、建筑、园林、雕塑、室内设计等在内的系统整合艺术。城市景观设计关心的是制定整体的城市景观政策，从城市大的方面，如高层建筑位置的分布、人文景观和自然景色的保留和改造、城市整体面貌的安排，一直到详细的空间设计、街头小品和植树等。城市景观设计是要创造一个健康和生机勃勃的生活环境，为市民提供一种安全、有效、和谐的生活方式。

（一）诗意栖居的理想

英国著名的城市环境设计师和理论家鲍尔在他的《城市的发展过程》一书中写道："在一个强调物质收益而轻视美观的社会里，有关美学方面的问题肯定要被认为是无关紧要的。所以，除非我们坚决重申美观的重要性，否则我们城市建设的外观上将显得非常庸俗平凡。由于人终究'不是单靠面包生活的'，由于城市美观对人的健康和幸福也是个重要因素，如果我们不能满足这些要求，我们将会失败。"在鲍尔的观点里，城市环境中美学价值的体现是一座城市为居民提供幸福生活的重要因素。他甚至还把美学价值放在了经济功能的前面，强调了美学价值在环境设计中的突出地位。

就渴望秩序和美来说，在动物中人类是独一无二的。人类可以用沉迷的目光流连于起伏的山峦所构成的优美轮廓线，欣赏一棵遒劲的松树经过时间和风雪的洗礼所形成的壮观形态，对着一泓清澈的流水享受自然的宁静。人类本能地追寻和谐，痛恨杂乱、冲突和丑陋。但是，对于自己创造的城市环境，人类经常陷入类似建造巴比伦通天塔一样的矛盾。人们不断在建设—更正—再建设的认识过程中塑造着城市，但"诗意地栖居"的理想仍然很遥远。也许，人类永远也不能实现自己诗意栖居的理想，但为了创造理想的生存环境所做的努力应该体现在所有城市环境设计的思想和目标中。城市环境是人类自己创造的家园，是人文与物化的环境，我们有理由期望我们自己创造的环境是一个可以舒适栖居的家园，能够提供一种积极向上的美好的生活方式。

对幸福感的调查已经证明，能够给人带来幸福感的并不完全是物质的丰富，更多地反而是人们在环境中感受到的美感、和谐感、舒适感，以及人际关系的和睦感。刘易斯·芒福德曾盛赞欧洲中世纪城市给人在视觉、听觉等方面所带来的美感。他认为中世纪的城镇不仅是一个生意盎然的社会综合体，而且是一个生机勃勃的生物环境。自然界的声音到处与人的声音混合在一起，城镇的每一部分，从城墙开始，都是被作为一件美术品来制作的。建筑物辉煌明亮，整齐光洁。无论是教堂，还是普通的住宅，它们的雕像、粉墙、梁托、三联图画都装饰得非常美。日常生活中到处都有颜色和图案。也许那时还没有美学学科，但美的果实到处都可以被看到，人们也在城市环境中有意识地追求美。他写道："生命就在这五官感觉的扩大中兴旺生长。没有这些感觉，脉搏会放慢，肌肉会松弛，心境会缺乏信心，视觉和触觉也会逐渐丧失细致的分辨力。也许生活的意志都会消沉下去。让眼睛、耳朵、鼻子、皮肤受饿，正像不让人进食，让胃受饿一样，同样会招致死亡。中世纪的饮食虽然粗淡不丰，甚至那些贪图享受、毫无节制的人也享受不到多少肉体方面的舒适，然而那时即使最贫困或是最彻底的禁欲主义者，也不会对周围的美视而不见。城镇本身就是一件不断展现着的艺术品，而市民们节日穿着的五彩缤纷的服装就像鲜花盛开的花园。"美国著名的城市学家凯文·林奇也强调："事实上，人们对环境的需要并不仅仅是其功能良好，而且它还应该充满诗意和象征性。"无论是理论家，还是思想家，他们都认识到了城市环境的美对城市居民的重要性。

（二）精神的依托

城市环境是人类创造的最大艺术品，因此它也有与艺术一样的审美功能。对城市环境的美学探讨关注城市的宜人性，也就是一个城市是否适合人居住的特点。城市环境在美学上的意义，与这个城市的居住者对城市环境的认同感和归属感有关。从美学角度来说，城市的环境美是自然美、社会美和艺术美的有机统一体。

1. 自然美

自然美是城市中的自然山川、植被、动物等自然物的美，是人类生存不可或缺的内容，也是一个体现城市环境特色的重要组成部分。自然既可以为城市居民带来必需的物质环境，也可以使城市居民在对自然美的欣赏中获得丰富的审美享受、感悟人生。

2. 社会美

社会美是社会现实所呈现的美，它表现在人们的行为和活动中，也凝结在建筑、环境设施等物质产品中。

城市的社会美往往经过了漫长的时间凝练，从城市中的遗迹呈现出来，构成了一个城市的特质。物质文化是城市社会美的深层结构，构成了社会的本体存在，制约着人们的心理和行为。

3. 艺术美

艺术美是对现实的一种能动反映和审美概括，是人们塑造环境美的实践和成果。在人工塑造的城市环境中，艺术美在创造城市环境美的过程中起了非常重要的作用。

自然美、社会美和艺术美三者的融合，形成了自然景观、建筑景观和人文景观的城市环境美的统一。城市环境的美可以形成某种氛围、情调、韵律，让人们在其中感受、体验，影响着人的思想、情感和行为。

美好的城市环境是一个城市能够持久地吸引人、让人精神有所依托的重要原因。同时，城市的环境特色和它所反映出来的文化素质会时时影响着城市市民的精神面貌和生活情趣。在日常的物质生活中，人们对周围的事物不仅会采取功利的态度，也会超越直接的物质需求而采取审美的态度。这就使得城市环境不但是人们物质生活的空间，也会使其成为人们精神生活的空间和审美的对象。

环境与人之间除了存在视觉上的联系外，还存在着触觉、听觉等方面的联系，对环境所产生的美感是人的活动和感知相统一的产物。通过美学角度来分析和批判中国当代城市环境设计，是因为城市环境的美不仅是当代中国人的审美理想、审美趣味及审美价值取向乃至审美创造力是否发达的实例说明，同时也是影响人们审美认识、审美享受的随处可见、无法回避的审美对象。对中国当代城市景观设计所体现的审美特征的分析和理解，有助于建构良好的城市环境美学判断标准和创造出更美好、更符合人们居住的城市环境。

（三）完整人格的塑造

城市环境的美不仅可以为城市居民提供美好的居住环境，带来丰富的审美体验，还会影响城市居民的情感，对塑造城市居民的集体人格产生作用，成为城市居民为之自豪和骄傲的因素。也就是说，美好的城市景观不仅能够使人们生活在审美享受中，还可以起到美育、教化的作用。

美国著名的环境美学家阿诺德·伯林特认为美学能够丰富我们对环境的感受，而充分地理解环境能加深对美学的领悟。在他看来，各种类型的环境中都有审美的因素存在，田园风光有，商业区也有，工业区和山区湖泊也一样。而且，环境的美学特征将深刻影响我们对人与人关系的理解以及社会伦理道德。除此之外，环境美学还会鼓励深层的政治变革，主张抛弃等级制度、权力斗争，而走向共同体，并促进分享、团结，实现包容、友谊和关爱。同时，他认为我们创作环境景观也在影响我们的行为模式以及我们的性情和态度。正是我们创造的事物影响了我们，它们的影响渗入我们的个性、信仰和观念中。

一个美的人性化环境，不仅会使人们产生归属感，使人感到舒服和自在，还可以激发人的情感并获得自我实现，能够有效地减少负面情感和反应的产生，有利于实现人的抱负，激发出人的潜力并取得成果。刘易斯·芒福德谈到美好的城市环境对居民的教育作用时说："这种耳濡目染的熏陶和教育是以后较高形式教育的最根本的基础。如果日常生活中存在着这种熏陶，一个社会就不需要再安排美术欣赏等课程，如果缺少这种熏陶，那么，即使安排了这些课程，多半也是徒劳的，因为它们讲的，主要是关于当前流行的肤浅的陈腐题材，而不是内在的实质。哪里缺少这样一种环境，哪里即使是合理的进程也会半窒息，言辞上的熟练精通、科学上的精确严密，都弥补不了这种感觉上的贫乏和空虚。……因为城市环境比正规学校更能经常起作用。"城市环境的创造是人类文明的一种物化过程，它把人类所取得的科学技术和文化艺术成就凝结在人造的环境中，成为文明的外化。而城市环境的美育作用，则是通过人的感知和活动，将这一成果反射到人脑中，内化为个性意识。城市环境的美育作用丰富感官刺激，培养城市居民的审美感受能力，发挥想象力，丰富情感体验，从而实现心理功能的和谐。

人创造城市，城市同样也在塑造人。城市可以塑造人的品格、修养和情趣。通过城市环境艺术美中所包含的形式美，发挥环境对城市居民活动的引导作用；通过形式的秩序和美感作用，可以使环境与特定的情感联系起来，从而对人们的行为产生良好的引导，以此形成城市良好的秩序和行为。城市环境的美还可以对一个城市的居民审美观的形成产生作用，如城市人文景观的美通过对历史的形象感受，促进人们正确的世界观和人生观的形成。在富有美感的环境中，还容易培养人们高尚的审美理想，实现审美观念的最高表现。因此，环境美可以促进人们的"行为美"和"心灵美"。理想的景观设计应该实现人类的希望与渴望，激励人们对生活的热爱，甚至还可以使人的精神得到提升。反之，城市化过程中出现的居民生活条件恶劣、道德观念剧变、犯罪率上升、居民无安全感等问题，都与城市的整体环境氛围有密切的关系。

第二节　当前城市建设的审美误区

如果中国资本主义社会得到自然正常的发展，那么，中国城市也许会像欧美资本主义国家那样，从封建城市开始，发生量和质的变化，进入近现代城市发展时期，但是，历史是不能假设的。1840年鸦片战争之后，帝国主义列强的坚船利炮轰开了长期闭关自守的中国大门，外国商品和外国资本如开闸泄洪一般进入中国市场。由此，中国长期形成的封建经济遭到破坏和解体，正在萌芽和孕育的中国民族资本主义经济被摧残，中国的经济体系变成了一种怪胎——半殖民地半封建的经济。这种经济社会形态必然决定了中国的城市不能沿着固有的规律向前发展，而成为一种畸形的城市体系和城市形态。

近现代以来，受外来经济与文化的影响，中国城市的发展极不平衡，城市景观总体上处于新旧交替的过渡阶段。从中国的城市问题来看，改革开放之后的20余年，城市的数量发生了惊人的增长，城市的规模越来越大，城市化的速度也越来越快，许多昨天的县城已变成了今天的都市。立交桥、摩天大楼、高尔夫球场、大型公共建筑，全世界该有的，我们也都有了。但是破坏历史文化遗产、盲目效仿别人、破坏环境、自毁家园的现象比比皆是。特别是近20年来，经济的高速发展使城市传统景观特色风雨飘摇，岌岌可危，造成了在经济和文化转型期，城市景观的实践状况陷入了形式主义的泥潭，存在着一些共同的问题和误区。

一、审美趋同

（一）传统城市审美理念的缺失

影响中国城市和建筑发展的一个致命问题不是经济，不是金钱，而是观念。在城市"现代化"的浪潮中，许多城市抛弃了历史传统特色，失掉了个性，千城一面。这主要是缺乏对历史的尊重，无视城市景观的历史性，在审美、材料、加工、设计观念等诸多方面都不反映历史背景，盲目追逐"突变"的景观。

对于什么是城市现代化这个问题许多人有很深的误解，以现代化的名义来破坏城市的现象非常普遍。很多城市把古老的建筑推平，代之以所谓的现代化高层建筑，认为这就是现代化了。在拆毁许多历史建筑的同时，又建起了千篇一律的新建筑。在城市开发热潮中，推土机的话语霸权正在进一步扩张。中国是一个有几千年城市历史的国家，城市规划设计有非常完整的形式和理论。

中国城镇的结构体系是比较完整的，从单栋建筑到合院、到院群、到整个城市以至环境和山水，所有有特色的城镇几乎都是山水城镇的模式，这源于人们对自然的认识、选择和改造。经过了漫长的时期，里面有文化、有历史、有秩序、有美感。中国古代社会的统治者始终把修筑城市作为国家兴亡的根本所在，历代封建王朝根据其统治制度的需要，特别是根据政治、军事的需要，有计划、有目的地建造城市。中国的城市产生后，在相当长时期内，发展水平都处于世界领先地位。直到19世纪以后，中国的城市发展才开始落后于西方国家。中国的城市与欧美相比有许多独有的特点。城市的职能和特点是影响城市环境设计的最重要因素。古希腊和古罗马式的城邦型城市，城市的整体布局往往根据地形特点而呈不规则形，无轴线关系，居民主要是手工业者和商人。城市建筑全部是世俗性的，主要的类型有住宅、宫殿、别墅、旅舍、作坊等，还有许多公共建筑，如公共浴室和广场。广场是群众集聚的中心，有司法、行政、商业、工业、宗教、文娱交往等社会功能。比如，古希腊著名城市雅典，其全盛时期的建筑极为丰富，有元老院议事厅、剧场、俱乐部、画廊、旅店、商场、作坊、体育场等。古罗马城市在道路、桥梁等建设方面极为发达，剧场、浴室和广场等公共设施的建筑也非常繁荣。同时，古罗马城市继承了古希腊城市文化中的城邦爱国主义精神和宗教上的神人同形思想，而城市所拥有的众多公共设施，是自由民的城邦爱国主义精神产生的场所，城市居民在这儿举行公共活动，选举自己的执政官员，进行各种政治纲领的辩论。城市的公共设施和公共生活铸造了罗马精神，形成了自由民生活的精神支柱。古希腊、古罗马的城市设计和功能成了欧美国家城市发展的原型，也就是说，欧美城市在发展的最初期就体现出民主和公共的特点。

与古希腊和古罗马的城市设计相比较，中国的城市规划和设计经过了更加严密的计划和安排。从文献记载和考古发掘中可以发现，周代就已经在大型建筑中采用对称的布局，在城市规划中采用中轴线对称形式。以隋唐长安城为例，其中轴线对称的布局手法更为完善，城门的数目与位置、道路的格局、市的分布、坊的大小划分，均严格对称。而元大都城市总体布局的秩序感又更进一步，除了南北向的中轴线，还有东西向的横轴线，在其交点建造全城的几何中心。

中国城市的中轴线对称设计与中国传统的建筑类型和封建宗法观念有关。传统的木结构建筑，因为体量及跨度不大，较难在一个建筑内部空间划分过多的房间或满足多功能的要求，因此采用庭院组合式，以解决居住生活中的不同需要。而按照中国的宗法观念，住宅组群要区分尊卑主次，主屋往往要高一些或大一些，配屋设在两侧，自然就形成了中轴线对称的手法。这种布局手法从住宅院落扩大到大型建筑群，又扩大到整个城市的总体布局，形成了中国传统城市的整体特点。与中国古代城市配套的中国园林设计，力求把自然美与人工美结合起来，达到"虽由人作，宛自天开"的艺术境界。比如，苏州园林就不讲究规划的整齐划一，而是追求整体的和谐，在有限的空间中，运用虚实、动静、疏密、藏露等手法造成曲折、含蓄、幽深、富于变化的空间效果，加之中国园林具有浓厚的抒情性，使得中国园林能够做到追求自然又超越自然的效果。常言道"山得水而活""水得山而媚"，水在园林中以各种不同的形态出现，可以是小溪，也可以是瀑布；可以是喷泉，也可以是水池，水的不同形态构成了风格各异的园林景观，水使园林的空间更具魅力，园林中山水相依。园林中的建筑也有各种类型，如亭、轩、榭、阁、舫、廊、桥等等，它们在园林中既有观赏和实用的功能，又有分隔景区和空间的作用，同时，这些建筑也使园林具有生活的气息和灵气。

中国古代的建筑设计、城市设计和园林设计是中国文化中宝贵的遗产，虽然在城市现代化过程中一些观念和形式不再符合当今社会和生活的要求，但其中所体现出来的审美特征和审美习惯仍然具有价值，同时也是中华民族文化的重要组成部分。

社会整体现代化的核心是人的现代化，伴随城市社会的来临，完全意义上的城市市民社会的形成将成为必然，这是人的社会化和人的现代化的本质体现。认识这一社会转型的本质属性，是城市规划者和城市设计者最重要的思想基础。基于对城市化本质的理解，对城市环境设计的开发性功能、适应性功能、现代化的形象功能、创造新的生活方式的功能就会有较为清晰的认识。

城市的文化特征还表现在行为文化方面，特别表现在一个城市的群体文化行为构成上，这是城市文化的特殊性所在。城市群体的教育程度越高，市民的文明行为举止就越有文化特色，因而就更具有文化凝聚力。城市环境设计作为社会生活现代化的大背景，与民族文化和审美精神有紧密的联系，如果仅把欧美城市的符号生搬硬造过来，这不仅是对现代化肤浅狭隘的理解，同时还会在所谓的现代化过程中失去民族文化中最有价值的东西。

（二）城市环境设计的审美趋同

城市的个性特征是一个城市独有的面貌，包括一个城市在区域空间上的分布构成，城市与自然环境的关系，城市的几何现状、格局、交通组织、功能分区，以及城市历代的形态演变等。这些特点的形成，一方面受城市所在地自然环境的制约和影响，另一方面受不同文化模式、历史发展进程的影响。曾经有城市学家指出，只有城市的形态才能确实表现出一个时代建筑的成就，以及在那个时期人们组织自己生活的能力所达到的水平。也许，一些市中心都拥有同样普通的格局，但相互之间却风格迥异，不同的文化、尺度与建筑语汇都使城市变得各具特色。

然而，在从一个几千年的农业国家向城市化发展的过程中，中国还来不及理解和消化自己的文化，缺少对本土文化形成及存在价值的认识。当作为当今强势文化的西洋风刮来时，很多城市设计者就迷失在铺天盖地的西方建筑符号中，在求新、求洋和求大的所谓城市现代化象征中。许多本来有特色的城市把整个旧城镇推倒重建，不顾地理历史文化的背景条件，忽视功能要求，设计的手法过于单一，盲目模仿欧美城市或其他城市。加之开发商的最大利润追求和政府官员的急功近利，导致中国的城市风格渐趋雷同。同时，城市的规划者和设计师在对城市进行调整时，缺少对其他城市学科的理解和沟通，如城市历史学、城市经济学和城市社会学等，造成了在设计城市时对城市的了解和认识极为缺乏，往往只是运用自己学科中的专业知识来应对所有的设计项目，从而也导致了城市环境设计的雷同和单调，导致新的环境设计很难与城市原有的景观融合在一起，城市景观空间设计缺乏生气。

"城市"作为一个大的景观概念，因为在规划、建筑、功能和景观设计方面的趋同，以及由此而产生的人们生活方式的趋同，个性化和独特的地域景观文化迅速消亡。在这些所谓的欧美风格的景观装饰之下，城市与城市之间缺少审美差异。在北京可以看到上海的影子，在上海可以看到纽约的影子，只是规模大小不同而已。城市的趋同特点让城市失去了自己的魅力。

从美学角度来看，城市是一个感知的世界，是知觉意识的领域。建筑物的大小和位置、内部空间的组织和安排、道路的宽度和方向、广场和公园设置的地点，这一切共同创造出我们生活的环境，决定了人们可能产生的行为方式和相互影响的模式。这些方面不只是构成城市的物理环境，通过身体和感官的感知，这些因素连同城市所有的细节一起，使人对环境产生种种不同的感受。随着城市环境的趋同化，人们也会像生活的环境一样面临同一化的命运。因为同样的城市格局、同样的城市功能产生了同样的生活模式。不管是工作、家庭还是游乐活动，因为环境的同一性而失去了思想和行为的自发性以及产生时的初衷，生活变得越来越程式化，生活中审美的多样性因此也在趋同的环境中消失了。

著名学者冯骥才曾经发表名为《城市风格雷同：令人担忧的文化走向》一文，指出中国的城市设计有十大雷同的地方。

①功能区划分。城市设计最流行也最简便的方法是按照使用功能重新分割城市，在市中心建造商业区和步行街，还有金融街、行政办公区、住宅区、旅游风景区，以及文化长廊等。这样一来，城市原有的深厚而丰富的肌体被"解构"，全都变成了生硬、单调和乏味的功能区板块。在城市的功能分区方式中，本来生动的城市空间被用一种空洞的办法抽象了，像是被压缩到一个毫无特征的容器里。以前自然生长的城市有机形态，变成了一块块人为划分的机械形状。

②大广场泛滥。在城市环境设计中，修建大广场已经成了城市景观设计标配，无一例外。有的地方连小小的县城也拆除民房，修建大广场。而这些广场修好后大都闲置无用，夏天酷日暴晒，冬天寒风回荡，纯粹是追求所谓的现代化形式而已。

③喷泉广场与罗马柱。广场上必有喷泉和一排罗马柱，一些缺水严重、冬季结冰时间很长的西北城市也都互相攀比着建亚洲或全国第一的喷泉广场。

④高楼大厦林立。各种各样的高楼大厦挤满了各个城市的天际线，看上去全是所谓的"国际大都市"风景。

⑤全国范围内的住宅楼都惊人相似。许多住宅都像是一个公司设计的，无论是多层的公寓，还是单体的尖顶小房，全都一样，有的连名字也相同，如罗马花园或欧陆经典。

⑥通透墙。这种起源于美国、被认为"最现代"的街景，很快被中国各个城市仿效成风。那些改造完成的城市大街两边全是通透的栏杆墙，里面大片绿草地，而且毫无例外地禁止行人进入。

⑦烟花灯。一种仿照烟花的装饰灯，从江南到塞北，无一座城市没有，到处闪烁不停。

⑧假山、假水、假树。用自来水造瀑布,用膨化塑料堆假山,用水泥塑大树,喷上绿漆,到处可见。北方城市还常常用水泥在街头造一棵大榕树或几株南国风情的椰子树。

⑨瓷砖外墙。全国各地,尤其是小城镇的房屋差不多全用瓷砖把外墙贴满,而且多为白色,有人戏称其为"厕所砖"。

⑩明清一条街。现在每个城市差不多都有一条明清街,这种仿古街原本与城市的历史无关,既没有历史记忆,也没有人文积淀。灰瓦顶子红柱子,再挂几盏大灯笼,几乎全是一个样,甚至连里边卖的东西也差不多。

中国当代城市设计有一种明显的趋同趋势,即按一种公式,然后不区别情况,普遍地推广应用。这是一种很省力的城市环境设计办法,无视每一特殊问题的复杂性,也否认应用原理来解决某一特殊情况时需要保持的灵活性。这种过分简单的方法使许多城市空间非常相似,使人们在设定的环境中按一成不变的方式生活,使人们失去了选择生活方式的自由,失去了生活丰富多彩的变化性。

城市设计一律分区的方式导致居住区与工作区截然分开,而不管工作的性质如何。结果导致每天都有大批人长距离乘车上班,交通问题更加严重。城市的市中心区几乎全部是商店和写字楼,白天极为拥挤,下班后又空空荡荡,而在夜晚和周末假日,市中心人车稀少,一片荒凉。其实,一些工作区域是完全可以与居住区放在一起的。而这种人为的分区方式对社会和物质环境起了副作用。同时,彻底的分区使一些区域用途单一,常常变得毫无生气,千篇一律,呆滞萧条。在中国,随便走进一座城市,就能看到30层以上的大厦,还有步行街、中央商务区(CBD),每个城市都建有广场和标志性建筑,这些基本上是城市管理者们互相观摩、取经、效仿和攀比的结果。他们希望不落伍,但付出的是"相似"的代价。上海有一个"外滩"非常著名,于是,许多城市也把自己的海滨路或河滨路改造成"外滩"。据统计,全国已经有十多个城市相继在建"外滩",其中不乏规模、气势超过上海"外滩"的。比如,武汉的"外滩"长达9.3千米,面积16万平方米,比上海"外滩"大8倍。南昌的"外滩"在2.5千米长的抚河两岸墙体装上了700多个进口光源,在1.4千米长的人行道旁的灌木丛里安装400多盏80瓦的插地灯,在乔木林中安装400多盏300瓦的照树灯,力争在亮度上超过上海"外滩"。还有成都景观、功能都丰富多彩的"外滩"、广州创意独特的"外滩"等。且不说上海"外滩"经过了漫长的历史所包含的丰富意义,其特殊的地理特点和景观本身也不是可以随便模仿和复制的。上海"外滩"所代表的海派气质并不是都适合每个有物质基础的城市的。作为上海城市的一个符号,"外滩"表现更多的是一种生活方式，这样的生活方式因为在此城、此地和有此人而变得具有特殊意义。具有特定的城市文化气质的"外滩"是不可能被复制的。而且，如果真是城市里环境非常优美的一条海滨或河滨大道，又何必命名为"外滩"呢？在城市风格趋同的今天，恐怕已经很难有一个城市可以理直气壮地宣称"这是一座独一无二的城市"。

城市环境设计的雷同导致城市失去了各自的个性特点，失去了审美的差异性。人们在不同的城市旅行时，城市不再有意趣不同的形态和面貌吸引人们流连忘返，城市甚至不再是人们旅行的目的地，因为它失去了吸引人注意的不同文化特征。

二、城市建设风格的欧美化

一座城市的魅力在很大程度上来自这个城市所具有的特色，这种特色是由城市本身所有的个性所形成的。城市的个性魅力与这个城市漫长的发展历史有关，也与这个城市独特的自然环境有关。一座城市在其形成过程中会因为一些特殊的历史事件给城市遗留下与其他城市不同的历史遗迹、建筑形态或肌理格局，会因为著名的历史人物留下特殊的人文景观和民间风俗，还会因为其独特的自然风貌形成个性化的城市面貌，这是一座城市最具特点和最具魅力的特征，也是这座城市具有美学价值的因素。

在当今欧美强势文化的影响下，中国一些城市的决策者和设计师把城市的现代化理解为城市环境设计风格的欧美化，大量借用欧美城市环境设计的符号，如罗马柱、凯旋门、广场和景观大道等，以此营造出带有欧美风格特点的城市现代化假象。大城市模仿欧美风格，小城市就盲目模仿大城市的风格，导致中国许多城市到处都是罗马柱、凯旋门、广场和景观大道，城市风格逐渐变得雷同。中国当代城市环境设计的一大误区是一味地在所谓的现代化道路上不断相互模仿和抄袭，北京的中关村在复制美国的"硅谷"，上海的陆家嘴在模仿纽约的曼哈顿，而其他城市又在模仿北京和上海，一座城市正在成为另一座城市的翻版。中国当代城市设计在塑造自身城市特色和品格的道路上与城市的终极理想背道而驰，许多城市的特色正在消失。

（一）城市环境设计的审美移情

今天，当许多人谈到城市环境设计时，言必欧美，好像城市本身都是舶来品。从整个城市布局、功能区的划分，到建筑、道路、广场和雕塑、景观，以及环境设施都以欧美风格为准，以"洋"为潮流，以"洋"为时尚，以"洋"为品位。一座城市如果没有几座欧美式的高楼大厦，抑或没有几座外国建筑师设计的建筑，就是这座城市还没有现代化，还没有与国际接轨。决策者在规划城市时，也把国外发达城市作为环境设计的参照系，根据这种模式，认为无广场非城市、无景观大道非城市、无高楼大厦非城市。一些号称要打造国际化大都市的城市，包括城市的格局和功能都希望能够和纽约一样。在这种观念之下，完全不考虑城市原来的地理特征和城市特点，山地城市建成了平原城市，旱地城市挖出沟渠变成了塞北江南，还有一些城市把千年古镇拆掉修建水泥大道。破坏原有城市景观、重建所谓的现代化环境景观的例子在中国当代城市环境建设中比比皆是。在这些决策者的观念里，城市环境景观只有一种，那就是欧美的式样。

许多城市在进行城市形象的定位时，城市发展的目标也一律向欧美看齐，连名称也带上了"洋味"，苏州要打造"东方威尼斯"，成都则计划营造一个"东方伊甸园"。这不能不让中国人疑问：中国城市的自信到哪里去了？人文景观和自然风光都极为丰富的杭州，天生丽质，人间天堂，还荣获过联合国最佳人居奖。但这些似乎都不足以让人引以为豪，杭州的城市决策者居然提出了要把杭州建成"东方日内瓦"的口号。杭州这座中国历史上的著名文化名城，在"以改造旧城为主"的城市建设方针下，从 1993 年起，决定用 8 年时间完成旧城区改造任务，每年拆除 100 万平方米的旧建筑，同时建设 120 万平方米的新住宅。在城市破旧立新的改造过程中，古城风貌的消失，直接给杭州和西湖申报世界文化遗产造成了难以逾越的政策性障碍。杭州在拆毁古城和历史街区的同时，也给自己摘掉了"世界历史文化名城和七大古都之一"的桂冠。可是，对杭州古城的破坏还没有结束。近来，一个巨大的西湖文化广场正在建设中，这个被称为"文化航母"的圆形文化广场占地面积 200 亩（1 亩 =666.667 平方米），直径为 198 米，簇拥着一幢高为 174 米、共 48 层的塔楼（主楼），塔楼正位于延安路的中轴线上，并与南端的城隍阁遥相呼应。城市规划者宣称，这是一幢高品格的标志性文化建筑和一处群众性的文化场所。整个文化广场的一个重要组成部分——圆形广场又包括了露天剧场、集会仪式广场、群众休闲广场和绿化四块功能用地。在这些工程完成后，古城杭州恐怕再难寻找旧时的痕迹，已经完全变成了一个全新的现代化"幻景"。

在拿来主义风潮的推波助澜之下，中国的一些城市环境设计项目最流行的就是国际招标，获得头奖的总是国外设计公司，直接后果是中国的城市成了西方现代和后现代建筑风格的实验场。在一派崇洋的潮流中，许多外形奇怪的建筑都在中国纷纷出现。国外的建筑师对中国城市形态的影响力已经是许多市民有目共睹的，几乎所有可以树碑立传的当代中国标志性建筑，都有实力强劲的国外建筑设计公司在竞标，其中大多数最终打上了国外设计师设计的标签。北京有国家大剧院、奥林匹克中心、中国中央电视台（CCTV）中心等；上海有金茂大厦、浦东机场、上海歌剧院等；广州则有广州歌剧院、体育中心等。请国外设计师设计城市的标志性建筑已经成为一种时髦。城市建设的新概念也每每套用国外城市的做法，如中央商务区（CBD）又是中央居住区（CLD）。在北京朝阳CBD商务节上，主办者提出了花200亿元打造2700亩CLD的宏伟蓝图，在设计中引用了曼哈顿的概念。事实上，国外的设计师既设计了视觉非凡的杰作，也制造了物非所值的城市垃圾，他们的方案不同程度地表达了西方文化的价值观，给中国城市带来了新奇感和新特点。在国外设计师的作品不断拔地而起的城市里，中国公众反复面临新鲜的城市体验和审美考验。

中国的拿来主义思想并没有将西式风格消化到自己的城市文化中，同时又抑制了本国和本城建筑师的发挥。在一片崇洋的城市环境设计潮流中，著名建筑师吴良镛直言："外国人跑到中国来当大师，是我们自己造神运动的结果。"他认为国外的建筑师在中国进行各种大胆的尝试，并没有考虑中国的具体情况。"中国的建筑现在变得像一部功夫片，各路英雄各显奇招，誓要出奇制胜击败对手。"那些张扬的建筑作品往往备受青睐，而这类建筑基本组成元素是高科技、前卫、夸张、解构、冷冰冰、酷，尤其崇尚"奢侈"。高楼大厦成了中国城市现代化的代名词。20世纪的90年代，上海仅用了5年时间就建成了2000多座高层建筑，包括高达88层的金茂大厦，这些高楼大厦的建成使浦东出现了现代化的都市景观。于是乎，各地城市纷纷仿效，高楼大厦在中国到处开花。因为高楼大厦，一些古城的风貌和景观完全改变，破坏了城市的轮廓线。以最新、最高、最现代的建筑作为城市的标志性建筑，是中国当代城市设计的极大误区。标志性建筑的内涵应是城市历史文化的积淀，反映出城市固有的个性风貌，是向外界标志城市独特存在价值的商标和载体，可以存在数百年而不变。但是，许多城市的标志性建筑不能成为其历史文化的载体，一些甚至是把城市固有的文化消灭后以新建筑取而代之。在求新求异的失控建设中，新建筑之后还有更新的，规模更大、楼层更高、造价更贵的，因而标志性建筑也总在变化。

为了与崇洋的整体环境设计一致，开发商在进行楼盘开发时，从命名到整体建筑风格，都有着强烈的模仿西方风格的痕迹。有人说，中国把整个欧洲、整个美国都搬到了城市的周围，500米以外就是欧洲，300米以外就是美国。虽然说一定时期的拿来主义本身也是一种进步，当国内的建筑师找不到更多更好的设计元素时，直接移植国外现有的东西显然更容易。然而，一种风格或一个名字能在多大程度上满足人们在心理上的"移情"需要呢？

文化的不自觉和不自信似乎让城市出现了某种现代化的幻觉，而楼市还将不断为我们上演这一幻觉。市场需要虽可以算作是这幻觉存在的一个理由，但毫无创意的复制品显然会在若干年后被历史无情地淘汰。中国城市环境设计已经没有了自己价值判断的标准，这种模仿阶段还将在中国长期地持续下去，而恢复民族丧失的自信心会是一个漫长的过程。

（二）欧美建筑符号的盛行与民族本土建筑符号的缺失

建筑符号是能够体现建筑独特性的重要因素，可分为建筑图像符号、建筑指示符号、建筑象征符号三种。

①建筑图像符号是指建筑的形式与建筑的内容间存在一种形似的关系。

②建筑指示符号指建筑形式与内容间存在着一种实质性的关系，如门窗都是玻璃所建，但对门窗却不能给予一致的含义。

③建筑象征符号指建筑形式与内容间建立的任意性的关系，如古典柱式的运用等，完全是约定俗成、墨守成规的。

从上述的内容可以得知，建筑的图像符号与指示符号相似，而象征符号则不同，因为前者是形式或内容的体现，反映了原有的事物，而后者更多地受到人们思想或种种社会因素的控制而显得比较多变活跃。在现代建筑的发展潮流中出现过的大思潮，如"居住的机器""少就是多"等，它们都来自对功能结构的思考，所带来的建筑更多的是一种理性美。

一个城市的个性形象是城市给予人们综合印象与整体的文化感受，是历史与文化凝聚构成的符号性说明，是城市各种要素整合后的一种文化特质，是城市传统、现存物质与现代文明的总和特征。城市形象是城市景观形态的客观、集中的表述，当这种形象被社会大多数人所接受时，城市形象就有了整体的历史文化意义，并构成了一种社会文化符号。这些符号是特定的文化产物。很多时候，这些符号与人们内心的审美意识是紧密结合的。一个好的环境设计应该通过一些对城市及其文化都非常恰当的表达方法，使得人们能够了解自己的社区、自己的过去、社会网络，以及其中所包含的时间和空间的世界。城市的环境设计应该把当地的文化信息表达出来。

但是，在一片崇洋的城市设计浪潮中，欧美的样式替代了具有中华民族传统审美精神的样式，欧美城市环境设计的语汇成为中国当代城市到处可见的符号。

在欧美建筑师强劲的势力面前，稍有规模的中国当代城市里的标志性建筑，几乎都留下了西方设计师的痕迹。许多建筑师和学者对此现象深表忧虑，一方面叹息中国文化在当代不可阻挡的衰落，另一方面则对本土建筑师表现出恨铁不成钢的遗憾。欧美城市环境设计之风已经刮遍了中国东西南北的各大城市，当许多普通人还不了解中国建筑的木结构、斗拱式，中国园林的借景、漏窗等概念时，已经在面对西方的现代风格与后现代风格了。很多人在这些来势汹汹的欧美风格中失去了判断力，知识储备也不足以识别外国建筑师的学术水准。一些城市的决策者因为担心自己的城市在现代化的过程中落伍，盲目崇拜国外的设计师，导致中国许多城市在对待国外设计师的作品时良莠不分，一律接纳，以致中国城市环境设计哗众取宠的浮躁之风盛行，只求设计形象的冲击力，而忽视了设计的现实意义。与此同时，在欧美风的盛行中，还产生了对本土文化的自卑心理。

客观看来，在经济全球化的时代，文化的互相影响和兼容并蓄是未来发展的趋势。而且，国外建筑和城市环境设计观念和形式的引进，也会激发和促进中国在此专业方面的进步和发展。但是，中国本土建筑思想和传统美学精神在当代城市环境设计中的缺失所产生的后果，是设计师和学者所必须警醒的。因为，作为公共艺术的环境设计，往往会引导生活其中的城市普通居民的审美观念的形成和改变，对于那些缺少审美判断能力的普通大众来说，政府和大众媒体引导的审美观也许就成了他们新的审美观念。长此以往，欧美环境艺术风格的审美特征就会替代中华民族几千年来所形成的美学样式，而成为普通人判断环境艺术审美价值的标准。

三、城市环境设计的美学侵犯

"美学侵犯"是阿诺德·伯林特提出的概念。他认为，美学的要素存在于知觉的关联性、连贯性中，也存在于和谐中。当艺术具有侵犯性时，它可能会侮辱我们的道德感和审美感受力，产生美学上的侵犯性。美学上的侵犯在视觉上操纵我们，通过剥夺我们的感受力，操纵和破坏我们的判断力，左右评价的确切性，或者通过制造纯粹的不适来对我们产生不良影响。比如，商业区的美学侵犯是通过突出其商业的价值，并把一种人为的虚假的东西强加其上。在城市景观设计中，最常见的是伪造历史设计的主题。这种主题往往是由它的经济价值主观决定的，丝毫没有考虑到时间和地点的适宜性。另外，缺乏新鲜的创造想象力以及拘泥于一种传统风格、主题或情感的环境设计也会对我们产生侵犯性，这种单调、陈腐、肤浅的设计会导致欣赏的无效性，从而使环境显得枯燥乏味。这样的环境设计不会通过创新来扩大人们的知觉和想象力，从而增加人们的审美感受。

在城市环境中，单调、面目相似的街道、房屋，脏乱和堆满垃圾的空地，大而无当的广场，零乱的绿化和平庸的植物，以及庸俗的城市雕塑和乏味的景观设计等，所有这些美学匮乏的环境设计都会降低居民的生活质量，人们在这样的环境中只会遭受一种精神上的贫乏，而得不到美学欣赏的乐趣。

（一）拜金主义审美

在市场经济的大背景下，经济效益是操纵城市环境面貌的重要杠杆，城市环境成了不同群体建设的场所。工业企业、政府机关、开发商、投资者、市政公司等是城市环境建设的决策者，由于每个群体都有自己的利益，城市的环境设计很难在一个整体下进行，城市环境的形态完全处在一个无法控制的状态下。其中，因为投资者和开发商在经济上有优势，所以他们对城市环境面貌最有话语权，他们的审美取向是决定城市环境面貌的重要因素。显然，城市居民理想的公共场所与大多数开发商的价值观不同。开发商的兴趣不同于受公共机构委托的城市设计师，而完全是商人的眼光，设计师成了利益集团的代言人。

在一个商业和金融控制了人们大部分活动的时代，经济的和实用的价值统治了人们的思想和行为，许多人陷入对经济效益的考虑中不能自拔。尽管工业社会为人类带来了丰富的物质生活，但人类也因此付出了巨大的代价。这种代价常常使人类放弃许多活动以及社会、文化和审美的价值，成了商业活动的工具，因而在消费的名义下事实上自己首先被消费了。在现代都市里，经济价值作为唯一的价值所带来的环境后果是大型的购物中心替代了传统的商业中心，过去城市里人们聚集的活动场所被代以冷漠的自选商场，社会和文化相互作用与商业交换结合起来的场所不再存在。在经济利益的驱使下，金钱成了改变城市环境景观的最有效的工具，控制了环境艺术设计的风格和审美品位。

通过金钱堆砌起来的商业景观，被人们讥为"像满嘴金牙的小商人"，迎合了一部分人所追求的庸俗审美品位，也误导了一些人拜金主义思想的滋长。在上海楼市展览会上，已经出现了"赚钱才是硬道理"的广告语。在城市环境设计过程中，金钱的效益被许多城市过高地估计了，以为只要有钱，就可以方便快捷地打造国际化大都市。然而事实上，在这种拜金主义美学的思想指导下，只会有商业化景观批量出现，而难以达到真正的国际化和现代化。

商业景观所追求的享乐主义感官体验在这种暴发户心态影响下的城市景观设计，形成了中国许多城市流行的样式：追求气派，追求最大、最宽、最长，强调几何图案，喜欢用贵重材料，欣赏金碧辉煌的视觉效果，并不惜工本地移栽贵重树木和奇花异草。最后，城市景观呈现商业化现象，出现无序、混乱的情形。各式各样的广告牌充斥着人们的视线，空间尺度空前混乱。

城市环境设计的商业化特点，非常容易引导人们拜金主义思想的产生，使建构理想的审美文化和社会文明产生偏差。人们在这些运用金钱堆砌起来的城市景观中得到的只是金钱产生的效益，却得不到健康的审美享受。环境景观作为公共艺术为大众提供美好的生活环境，而这些商业景观给人的却是充满了享乐主义思想的感官体验。作为公共艺术的城市景观设计在满足人们物质环境需求的同时，还应该提供积极健康的精神内涵。

从美学角度分析，庸俗的商业景观设计把一种虚假的符号加给消费者，助长了大众庸俗的消费趣味。利用大众的消费心理，取悦消费者，其背后的商业目的却是潜在的。可以说，商业设计是唯"财"是举的。许多设计盲目地利用一些代表着"幸福""美满""快乐""财富""成功"的庸俗符号和形象，只给大众以一种看似高雅美丽的"唯美"外衣。这样营造出来的虚假世界，只能给受众一种虚假的审美感受。许多设计，虽然在审美的维度上走得很远，但往往由于一种过度的审美追求，而忽视了人的价值所在，对物质的追求代替了更深层次的审美享受。

（二）功利主义与形式主义审美

在当代中国的城市环境设计中，功利主义与形式主义的审美思想极为严重。功利主义，顾名思义，一切以功利为出发点，而没有以任何理论基础和人文思想为指导。功利既包括经济效益，也包括一些领导者的政绩。形式主义则指的是在城市景观设计中过于注重城市环境的花架子，摩天大楼、玻璃幕墙、景观大道、市民广场是常用的环境设计形式。

在当前环境下，城市建设存在诸多问题，而改造城市是最快、最容易看得见的工程，因此，整修道路、扩大公园绿地等形象工程就成了很多管理者改善城市环境的首要选择。

形式主义与功利主义美学，本质上是一种"权力美学"，在这种权力美学思想的驱使下，城市建设的风格变得急功近利，在大量城市自然风貌和人文景观被破坏的同时，却有许多着眼于城市可持续发展的长远规划被搁置，无法得到很好的实施。

早在 1985 年，北京市就出台了市区建筑高度控制的方案，提出以故宫为中心，分层次由内向外控制建筑高度。1991 年至 2010 年北京市总体规划也把建筑高度的控制作为保护历史文化名城的一项重要内容："长安街、前三门大街两侧和二环路内侧以及部分干道的沿街地段，允许建部分高层建筑，建筑高度一般控制在 30 米以下，个别地区控制在 45 米以下"。时至今日，高层建筑已经在北京明清古城内"四面开花"，许多建筑项目都在建筑高度上突破了城市规划。北京站旁边的恒基中心高达 110 米，已是规划限制高度的两倍多。在高层建筑在北京古城市区到处兴建的过程中，连曾经极力维护北京市古城风貌、建议北京城市建设在旧城内限制建筑高度、把香山饭店建到郊区的著名华裔建筑师贝聿铭也加入这一行列。他设计的位于北京西单的中国银行总部大厦，已经以巨大的体量矗立在长安街边，极大地破坏了北京原本的城市布局。

第三节 城市建筑环境的美学反思

一、城市景观的审美理念

自"城市"的概念诞生以来，人们对它的理解，就一直是以其人文性与功能性的内涵作为核心要义的，如城市被认为是"人口集中，工商业发达，居民以非农业为主的地区，通常是周围城市的政治、经济和文化中心"；或者城市的基本要素包括人口高度聚集的地区、建筑物和基础设施密集的地区、工业和服务业高度聚集的结果，市场交换的中心；或者是刘易斯·芒福德所认为的"盛装人类文明的巨型容器"。这些观念都是着眼于强调城市中人工性的无限张扬，强调城市在解决人类居住、工作和交通等生活需求方面的实用功能。由此，城市景观作为一座城市的物质形式外观，也必然以人文景观为主导，以满足人的功能需求为根本目的。住宅、写字楼、歌剧院、电影院、学校、医院、教堂等建筑物，以及道路、桥梁、公园、交通工具和城市绿化带等才是一个城市的景观主体，即使是原生的自然景观，也只有通过人类实践活动的改造才能对城市的景观风貌产生影响和作用。尤其是在先进的工业文明和发达的科学技术的推动之下建立起来的现代城市，高耸入云的摩天大楼、气势恢宏的城市广场、车水马龙的繁华街道，成为一座城市的标志性景观，象征人类最高端的智慧和最奢华的享受。这些景观给人带来强烈感官刺激的同时，也给人带来强烈的美感。这种美"是一种筑基于高科技与工业生产的美"，这种美只有在繁华而忙碌的城市中才能产生，也只有在注重功能性与人文性的城市景观中才能充分体现。

然而，这种美就像一把双刃剑：一方面，人们充分的肯定与享受这种高科技与高效率的美感的价值与意义；另一方面，人们也为其所带来的负面影响，甚至灾难而心生厌倦、心怀疑虑。城市景观对原生态自然的过分侵吞和改造所造成的环境损害，对自然资源无节制的污染和损耗所导致的自然灾害，再加上城市中无处不在的污染、喧闹、嘈杂，紧张的生活节奏等，让人们逐渐意识到功能性与人文性的城市似乎并不是理想的生活场所，筑基于高科技与工业生产的城市景观之美仿佛也不是审美理想的皈依。

在对当今发达的城市生活持怀疑和否定的时候，人们又开始回过头去，对尚未步入城市化快速发展之前的农业社会生活表现出深深的怀念与眷顾。于是，在城市的审美视野里，开始出现了多样化的审美视角，既有对乡土田园的诗意歌咏，又有对城市人性异化的批判意象，还有对城市文明进程的怀疑与焦虑。在这复杂的审美情感中，有一条主旋律始终贯穿着，那就是在城市与乡村的审美情境的比照中所展现出来的，对永恒、宁静、牧歌意味的古典审美理想的皈依。投射到城市的物质形式外观——城市景观的审美理念中，即将城市景观美学的理想典范最终定格在了"自然"之上。崇尚自然，贴近自然，让自然在城市中自然地生长，将城市建设成山水园林城市，使原生自然景观与城市人文景观和谐并存，在景观中实现人与自然的和谐相处，才是景观之美的极致，才是城市景观美学的终极追求。正如散文作家沈世豪在《解读公园》里所说："音乐喷泉、雕塑、画廊、拱桥、楼台亭榭等人造景观与绿树、花香碧波、白鹭、夕照等自然风光共生共荣，城市就是一个大花园，人们有幸在花园式的环境中生活着，是一种奇缘和幸福"。对自然之美的歌咏与向往，就在当代城市紧张忙碌的物质文化现状之下，如此华丽地吹响了。尽管与发生在乡野里的田园牧歌比起来，少了一份"天人合一"的恬淡安详，多了一份紧迫和急促的心理和情绪，从而显得不那么流畅，也不那么悠扬，但是这婉转吹送的一曲对山林、田野、湖海、蓝天的深情眺望与渴慕，终究还是把我们模糊的梦想送进了夜空，奠定了以自然美为核心的城市景观审美理念，以及以人与自然和谐为参照的城市景观审美选择。这是从城市生存状态的现实困境中绽放出的理想之光，是人性中本真的召唤。城市景观在对自然、生态、价值、美感体验这一系列人类生存、意识的表现中，由仅仅对美的诗意眺望，最终实现对审美理想的追求——追求"人与自然和谐共生"的美好情境。

二、城市环境的审美表达

（一）城市环境的空间之美

1. 城市空间的人性之美

城市作为一种功能性的环境，在我们探讨其结构和关系时，作为中心地位的参照物应该是人。在日常生活中，我们很容易就对生活其中的环境尺度和空间做出判断，看它究竟是扩充还是限制或阻碍了居民的体验，是丰富还是禁锢了人类的活动。城市环境设计的功能应该反映人的需要、能力和对体验的要求，这也表明了为什么城市设计必须通过某种方式回应人体的尺度，提供让人感觉亲密和荣耀的环境。城市设计应该是对人的补充和完成，而非对人造成阻碍、压迫或吞没。

在城市环境设计中，美学效果和功能要求应该相互联系起来，并通过基本的方式同时表达出来。与人相关的空间尺度会极大地影响人的情感和行为，空间的不同形态可以让人激动、让人放松，也会让人压抑和沮丧，还会让人有紧张感、孤独感。一个大而不当的城市环境，不仅会给人们的出行带来很多不便，极大地影响生活质量，还会使人产生孤独感，会使人产生被社会所抛弃的悲观情绪。

2. 城市空间的方位感

城市环境的空间还应该有清晰的方位感。方向感弱所导致的恐惧感和迷茫感，以及方向感强所带来的安全感和适意感，都说明了空间环境与心理感受有非常密切的关系。人们对现代都市常见的抱怨是冷漠、没有人性、缺乏直接感，这与城市环境设计中的空间和尺度有密切的关系。在现代城市设计中，工业技术的发展使摩天大楼在城市中获得了统治地位。这些用钢筋、水泥和玻璃构成的建筑物耸立在大都市里，常常通过它们所代表的庞大规模、金钱和权势使人感到震慑，而不是用精神和道德的意义使人们得到提升。摩天大楼提供了引人注意的规模和外表，并在体积和高度之上相互竞争。密集的摩天大楼标志着现代都市的中心，是商业主义的象征，其中装有空调和低矮天花板的房间提醒人们在金钱面前的卑微。

中国当代许多城市的建设是以牺牲城市空间为代价的，高密度的高层建筑破坏了城市的空间结构，同时也改变了城市人的空间社会结构关系。在一个良好的城市环境里，空间应该是多种多样的，而且，这些空间应该是平等、开敞的，表现出城市空间的共享意义。城市空间有社区空间、邻里空间、交往空间、居住空间、户外空间、交通空间、公共环境空间等，城市结构的区域空间其实就是城市社会的结构空间体系，城市所有的集聚和扩散的空间构成，都是城市社会的结构空间构成。组成城市空间的建筑，其审美功能在于产生一定的情感激发作用，建筑的形式与情感的联系是有生理基础的，它以有机体的生命运动为前提。同时，这种联系也是社会实践的产物，是人把自然规律和普遍形式的把握主观化了，使其具有了人的意味。例如，高度意味着对现实的超越，垂直构图的形体显示象征着崇高向上，水平给人以开阔感，水平或规则的形体显示出舒展、稳定或庄严，建筑的符号意义在审美功能上能够产生重要的效果。

3. 城市空间的多样化

城市空间组织的多样化和宜人的尺度会产生丰富变化的美感，从庭院、胡同到大街、广场，再到大广场、郊野，都有不同的空间尺度变化。这种变化使人感觉丰富而不单调，加上不同的交叉、转折，分成段落、形成序列，走到一个地方就有一处不同的景致，提高了一个城市的欣赏趣味，产生了时空变化的动态美。形式美是城市环境设计中很重要的方式，而节奏成为形式美的普遍法则，这是因为人所处的自然和自身的生命活动都是有节奏的。节奏是事物在运动过程中有秩序的连续，在节奏的基础上由运动形式的变化而构成了韵律。在人们物质生活的各种心理感受中，融合着节奏感和韵律感，丰富着人们的生活，激发着人们的生活情趣和对审美理想的追求。城市环境设计所具有的节奏和变化的韵律，会使人们在生活中得到情趣起伏的审美享受。

在当代中国的城市环境设计里，已经很难找到传统城市空间那种充满人性的动人的有机空间组合了。城市空间被庞大的建筑拥挤得七零八落，自然和谐的空间被排斥在城市环境之外。在经历了工业化时代的技术和现代风格的建筑及环境设计带给人类的工具理性、情感淡漠后，当今的人们更渴望在生活的环境空间中获得一份亲近感，得到一种安全感。城市巨大的尺度和空间不仅给人们带来了生活的不便，而且导致了情感的疏离。在城市超常的空间中，人们很难对城市环境产生亲切感，也很难获得密切的人际交往，很难建立良好的邻里关系。处于较小的空间中几乎总是令人兴奋的，人们既可以看到整体，也可以看到细节，从而更好地体验周围的世界。因此，高科技和高情感是人们对城市环境设计的期望，营造亲切的城市环境氛围是人们对城市设计的向往。

由于军事技术和工业技术的革新，城市的防御作用已经不再存在，城市也不再是抵御凶猛野兽和自然灾害的庇护所。今天的城市环境应该更多地与自然环境连接得更紧密，并满足人类更多的文化需要。美国城市学家凯文·林奇认为，对城市的总体设计是在基地上安排建筑、塑造建筑之间空间的艺术。最终的目的是创造一个健康的城市、人的价值最大化的城市，使城市成为市民满意的城市，并在强调总体环境设计的前提下，使城市成为更适合人居住的"艺术环境体"。人在城市中进行的各种实践活动，如工作、家庭生活、教育、商业活动，还有艺术、文化和社会交往等，主要是一些审美性的活动。城市的环境应该人性化，具有更多的审美可能性。城市环境应该成为一个实现人类诗意栖居理想的栖息地，居住在其中的人们安居乐业、富足幸福。人性化环境发展的同时也是一种审美环境的创造，意味着城市环境会提供给人们感知的多样性、活动的多样性和意义的多样性。

（二）城市环境的自然之美

一座城市在形式上的地方特色是城市所处的自然环境在地理上的特征，是形成城市环境的自然风貌。城市的自然环境特征是城市美好形态的重要因素。根据凯文·林奇的观点，一个城市可以感受的特点是衡量一个好城市的标准之一，而最简单的感受形式就是"地方特色"。地方特色是"一个地方的场所感"，是区别一个地方与另一个地方的差异，能够让人们唤起对一个地方的回忆。这个地方可以是生动、独特的，至少有特别之处，有自己的特点。城市经过了漫长的发展历史，人工环境与自然环境被巧妙地结合起来，形成了一个城市具有价值的特色，这种特色成为人们对某个城市印象非常深刻的特征。美学家认为，自然的美具有不一样的特点，它们的美是不可比较、不可分级、完全平等的。自然的地域特征是一个城市形态的基本特点，是形成城市环境特色美的基础，也是在城市环境规划设计中需要尊重的前提。

自然特征是塑造一个城市环境景观的依据，同时也是一个城市区别于其他城市的基本要素。在描述一个城市是"山城""海滨城市"或"平原城市"时，人们往往把城市的自然特点作为一个基本特征。在进行城市环境设计的过程中，适当地强调一个城市的地域特征是塑造具有魅力的城市的基本方法。在莫什·萨夫迪《后汽车时代的城市》一书中，他强调了城市依据其自然环境特色所创造的独特景观。他认为："一个值得记忆的地方通常占有一个景观中的重要特征：一个港口、一道海湾、一条河的三角洲、一个湖、城中的一座山丘、一种在自然环境中的物质存在。我们记住的是那些因为独特的人造与自然之间互动而变得尊贵的场所。"也就是说，这样的场所是通过人工结合地理特点建造而形成的。美好的城市环境总是维持与自然地形间的特殊关系，并且把密集的都市活动与宏伟的公园和花园联系在一起。这样的城市也许拥有同样普通的格局，如网格状的道路和放射状的主干道，但因为地理特征和自然风景不同，相互之间风格迥异，因为众多的城市保留了其在地理上的自然景观特征，才形成了各具特色、千差万别的城市美景。正是这种风格不一的自然环境特征形成了城市环境丰富多彩的个性特点。比如，中国的南京市顺应自然形态，蜿蜒于钟山之下，北起长江，南至秦淮河，形成了城中有山、山中有水的自然格局。

自然环境包括气候、地质、地形、地貌、水系和其他自然资源。生态学和历史学证明，地理因素是一个城市产生与发展的基础和前提。人类在选择居住点时，首先考虑的是满足最基本生活的条件，因此，人类社区的形成有三大要素，即房屋、道路和水源。人类文明的起源与水系具有密切的关系，无论是古埃及文明、古代两河流域文明，还是中国的黄河文明和长江文明，都是因为水系而发展起来的。水既可以解决居民的饮水需求，在古代还是水路运输的有利条件。中国古代都城的选址同样强调了地形和水源的重要性，许多城市都选择了依山傍水的地形。如果剔除其中的神秘色彩和迷信成分，传统建筑中的风水理论更多地与居住地的地形和水源有密切的关系。中国传统风水理论的基本内容反映了中华民族根据气候、地貌、水文、土质、植被等自然条件及其地域的组合来寻求理想的生活环境和居住区位，强调了人与环境的关系。人类早期根据自然条件组成的聚居区，逐渐发展成为城市。只要考察每个城市的历史，就会发现其形成都与自然环境方面的优势密切相关。

1. 中国传统的自然美思想

在中国传统哲学中，儒、道、佛都对自然充满了情感和热爱，把能够悠游和生活于山水之中作为人生的一大幸事。中国传统的哲学思想强烈要求人们改变与自然对立的生活方式和世界观，回归人与自然本原性的和谐状态。在这种本原状态中，所有自然物都具有同等的审美价值。在道家的代表人物庄子看来，如果能够"以道观之"，宇宙间的万事万物就会呈现它们自己的本来面目，就都具有自己独特的审美价值。孔子认为"仁者乐山，智者乐水"，赋予山水以人的特性。佛家往往选择奇山胜水之地作为修炼自身的环境，期望在自然中达到超越的境界。

中国古典美学关于自然美的思想，很多体现在《庄子》一书中。庄子认为，自然万物是丰富多彩、各有特色的，它们具有自身不可重复性和不可模仿的特点，因此它们具有同样的美，它们的美是不可比较和不可分级的。从这一点来说，环境美学家的思想与庄子的思想有一定的相似性。庄子的自然美思想不是让所有的事物都变成同样的美，而是让所有事物都保持不一样的美。道家是从自然开始思考人的存在的，"道"被当作宇宙的本原，万物成长的依据，也是人生价值和美的源泉。在庄子的思想中，"道"可以是宇宙万物的本根，但作为宇宙本根的"道"自身是没有任何含义的，在这种意义上，"道"常常被理解为"无"。"道"作为"无"的最大特征就是不做任何限制，让宇宙万物能够充分地如其所是地存在，让宇宙万物各自充分展现其自身的美，从而有所谓的天籁之美。庄子说："天地有大美而不言，四时有明法而不议，万物有成理而不说。"具有大美而不言的自然，正是丰富我们审美体验的场所。

禅宗也包含了丰富的自然美学思想，并从一个非常巧妙的角度对自然美给予了强有力的支持。禅在本质上是一种生命体验，禅宗美学始终关注的也是人的生命活动。在审美理想的追求上，禅宗以圆为美，认为"大圆境界"

是最高的境界。而圆无所不包、无所不容，展示出蕴含冲突因素的宇宙、人生的终极和谐之美。禅宗强调生命的体验，强调心的真实性，认为宇宙间的万事万物都有佛性，强调对自然的顺应，而不强调对自然的改造，对自然美持肯定的态度。

儒家思想的核心是仁。在儒家思想的发展过程中，仁从最初的基于血缘关系的家族成员之间的爱逐渐发展到整个人类共同体成员之间的爱，最终扩展到对宇宙万物的爱。正是在以仁作为对宇宙万物的爱的意义上，儒家思想中包含了对自然的审美，体现了今天的环境美学思想。

中国传统哲学中的美学观要求人们采取与自然和谐共存的生活方式和世界观，回归人与自然本原性的和谐状态，承认所有的自然物都具有同等的审美价值。中国的传统美学要求的是一种彻底的人生态度的改变，而不仅仅是对自然环境的局部保护。这是因为，从中国传统美学的角度来看，审美是指从日常状态进入本原状态，而不是在日常状态中对宇宙万物的品头论足。这种态度从根本上改变了对自然的敌对态度，对我们今天全面保护环境具有极为重要的意义。

2. 西方美学中的自然美思想

在西方，许多哲学家认为自然美不仅为人们提供了审美对象，而且对自然的审美起到美育作用，陶冶人的心灵。康德将无利害、无目的、无概念的快感作为审美判断的唯一根据，在所有的事物中，只有自然符合这些条件。康德认为，是审美对象的形式引起了我们的认识能力之间的和谐合作。也就是说，对象的影式构造先天地符合我们的认识能力，符合我们的主观目的，自然与我们有一种先天的和谐关系。正是这种人与自然先天的和谐关系引起了我们的审美愉悦。在康德的美学思想里，人与世界之间是和谐的。康德认为对自然美的欣赏是一个人具有高尚情趣的特点。他说："对自然美怀有一种直接的兴趣（而不仅仅是具有评判自然美的鉴赏力）任何时候都是一个善良灵魂的特征；而如果这种兴趣是习惯性的，当它乐意与对自然的静观相结合时，它就至少表明了一种有利于道德情感的内心情调。"在西方一些哲学家眼中，美学意义上的美，指的就是人与世界原本交融合一的境界，因此海德格尔十分欣赏诗人荷尔德林的诗句——"人诗意地栖居在大地上"。

进入工业时代后，发达的资本主义社会现实是奉行同一性的工具理性的产物，它已经被严重地异化和扭曲了。随着西方哲学家对工具理性开始怀疑、批判，进而对整个人类文明的发展方向产生困惑，自然美的意义就开始显得重要了。阿多诺从他的辩证思维中看到了自然美的重要性，他认为"对自然美的思考,是构成任何艺术理论不可或缺和不可分割的部分"。20世纪后半叶,西方环境美学的兴起尤其对自然美给予了充分的肯定。环境美学以环境审美为研究对象,包括组成环境的人造景观和自然景观。因为人造景观属于艺术的范畴,对其可以通过传统的美学观来欣赏,因此,环境美学最核心的问题就是自然美的问题。在环境美学的研究中,对环境的哲学思考强调从世界观和价值观的调整出发,实现人与环境的理想关系。环境美学的发展与环境科学的发展联系在一起,尤其与生物学和生态学的发展具有密切的关系。就像欣赏艺术作品时,对艺术知识的掌握可以帮助我们更好地理解和欣赏艺术品一样,自然的科学知识也会帮助我们欣赏自然美。环境美学家们强调了欣赏自然美时,生物学和生态学知识的重要性,并认为生态学为我们提供了对自然世界中的复杂性、多样性和整体性的理解,为我们打开了一个全新的评价领域。

与欣赏艺术品不同,人对自然的审美采用的是一种介入模式,这种模式强调自然处在一种联系的方式中,我们对自然的经验是多种感觉相互关联的综合体。与传统的静观审美方式不同,在对自然的审美经验中,欣赏者与欣赏对象完全沉浸、交融、互渗在一起,环境美学消解了审美对象与审美主体之间的界限。正如伯林特所说:"美学所说的环境不仅是横亘在眼前的一片悦目景色,或者从望远镜中看到的事物,抑或被参观平台圈起来的那块地方而已。它无处不在,是一切与我相关的存在者。不光眼前,还包括身后、脚下、头顶的景色。更进一步,美学的环境不仅由视觉形象组成,它还存在于身体的肌肉动觉,树枝拖曳外套的触觉,皮肤被风和阳光抚摸的感觉,以及从四面八方传来、吸引注意力的听觉,等等。"

美丽的自然风光和宜人的自然环境是古代城市发展的重要依据,中国古代的许多城市首先在城市的选址上就充分考虑了自然环境。在传统的城市建设中,对自然的利用反映在总体布局、确定道路网、组织建筑群,以及如何利用和发挥地形的特色上。同时,在城市的漫长发展过程中,城市里引人入胜的风景名胜是前人不断开拓发掘的结果,这些经过开拓的景观是自然美与人工美的结合,是一个城市得天独厚的优势。比如,北京卢沟桥的"卢沟晓月"和什刹海的"银锭观山",以及杭州西湖的断桥、雷峰塔等多处景观都是人工建筑物巧借自然美景而形成的城市景观。同时,城市周边的自然景观也是城市市民可以放松身心的最佳去处,在树林中散步、在江湖上荡舟是城市居民难得的休闲方式。正月可以赏雪,清明可以踏青,重阳可以登高,是一个城市为市民提供的美好生活的一部分。

城市的自然环境是构成环境景观的重要因素,任何一个城市都是一定的地理环境的产物，都要凭借一定的自然资源条件才得以存在和发展。不同的地理位置影响着城市的布局、功能结构和面貌，特别是一些有特色的山水，常常成为城市开发和发展的重要依据，如杭州的西湖、厦门的鼓浪屿、大连的大连湾、三亚的海滨景观等。这些城市之所以成为富有特色的名胜，美丽的自然风光是一个不可缺少的重要因素。不仅如此，自然资源的不同、气候的差异也在很大程度上影响着各个城市建筑物的布局和外观。建筑群与周围自然环境的结合，反映了人与自然的和谐关系，也形成了丰富多彩的地方特色。

一座城市的魅力，往往来自其独特的自然风光和人文风俗，这些特点既会成为居住者引以为豪的话题，也会成为旅游者向往某个城市的重要理由。无论是中国的重庆、丽江、三亚，还是欧洲的威尼斯、雅典，它们之所以成为旅游者向往观光的城市，除了其保留的历史人文景观外，其独特的自然风光也是人们期望游览的重要原因。而这些城市能够在众多的城市中脱颖而出，与它们保留了城市的自然魅力密不可分。

（三）城市环境的人文之美

地理学家使用"文化景观"一词来指地球上因为受人类活动的影响而塑造出来的景观，用来指人们通过耕作方式、建筑样式和居所在大地上留下的印记。"美学景观"的概念是指在自然地带留下了人类生活态度、意义、价值和情感等心理痕迹的景观。这些都可以归于人文景观的范畴。

丰富的历史人文内容是一个城市的精华所在，也许山水只属寻常，但有了李白、杜甫的题诗，苏东坡的游记，立刻就会光彩照人，山水因此也就有了文气和灵气，如杭州的西湖就因为有了历代文人墨客的吟咏而别具风韵。历史遗迹和传说故事是一座城市最让人动情的人文景观，与自然风貌一起共同体现了城市的魅力。刘易斯·芒福德非常简练地指出，城市的基本功能在于"流传文化和教育人民"。断墙颓垣上的芳草野花，在夕阳的余晖里会让人产生悠悠的思古之情；青石板铺成的街道，因为经年累月的磨损所形成的凹凸不平的足迹，是最动人的痕迹。人们在这样的城市里行走，仿佛是沿着时间的隧道在阅读一个城市所经历的光荣和梦想。常常，人们在古老的城镇里感受到的不只是好奇和奇特，这些地方使我们产生一种强烈的和谐感，它们的时间节奏、环境特征和社会运行模式都是构成和谐感的重要因素。在这些城镇里流连，人们会感受到一种个性和地域的特征，这些特点很容易使它的居民产生归属感。古老的树木和陈年的建筑把逝去的岁月和现在的生活联系起来，使人的生活也具有了弥足珍贵的连续性。

城市是人类物质财富的集中地，是人类精神文化的创新地和人类文化的一个大"容器"。刘易斯·芒福德认为："在城市发展的大部分历史阶段中，它作为容器的功能都较其作为磁体的功能更重要；因为城市主要的还是一种贮藏库，一个保管者和积攒者。"城市的"文化容器"之说表明了城市在人类文化进化方面的意义。从这一角度来说，城市的历史和文化是一个城市的灵魂，虽然经过了漫长的时代变迁，城市在格局和形式上会有一些发展和变化，但长期积淀的精神和文化气质不会改变，这是一座城市最重要的价值所在。

一座城市的环境在漫长的历史发展过程中所形成的个性特点，是这座城市最具有美学价值的因素。城市是独特的历史现象，是历史积累的过程。一个城市要有自己的发展史，有自己的传奇故事，这些是城市的文脉和灵魂。城市环境的历史特点由构成城镇的许多要素组成，如街道的形式、建筑群的组织形式，以及如何适合当地的小气候条件，如何吸收民族和地方的特点，如何适合当地人们的生活习惯，如何保留和突出重要建筑物，如何美化环境等。中国几千年的城市发展史留下了许多历史名城，到目前为止，经国务院公布的历史文化名城就有 101 座。这些城市或因为文化背景，或因为著名的历史事件，在发展过程中逐渐形成了独特的个性。这些独特个性是城市的记忆痕迹，成为城市居民们以为豪的物质和精神生活背景。比如，北京的紫禁城、南京的中山陵、杭州的灵隐寺等，这些城市"记忆"成了一种历史的象征，既是城市的财富，也是人类的财富，并构成了城市的文化符号。就中国城市而言，几千年华夏文明积淀下来的以北京为代表的"京派文化"和融合了中西文化的上海的"海派文化"，这些城市的文化特征是一座城市的文脉，产生着无限的与日俱增的价值和人文意义，成为一个城市不可分割的一部分。

"文脉"一词，源于语言学范畴。它是一个在特定的空间发展起来的历史范畴，内涵外延上都包含着极其广泛的内容。从狭义上解释"文脉"是指"一种文化的脉络"。美国人类学家艾尔弗内德·克罗伯和克莱德·克拉柯亨指出："文化是包括各种外显或内隐的行为模式，它借符号的使用而被学到或传授，并构成人类群体的出色成就；文化的基本核心，包括由历史衍生及选择而成的传统观念，尤其是价值观念；文化体系虽可被认为是人类活动的产物，但也可被视为限制人类做进一步活动的因素。"克拉柯亨把"文脉"界定义为"历史上所创造的生存的式样系统"。

城市是历史形成的，从认识史的角度来看，城市是社会文化的荟萃、建筑精华的集合、科学技术的结晶。英国著名"史前"学者戈登·柴尔德认为城市的出现是人类步入文明的里程碑。对于人类文化的研究，都是以城市建筑的出现作为文明时代的具体标志而与文字、金属工具并列。由于不同城市的自然条件、经济技术、社会文化习俗不同，环境中一些特有的符号和排列方式，形成这个城市所特有的地域文化和建筑式样，也就形成了其独有的城市形象。在进行城市形象的探索时，无疑需要以文化的脉络为背景。

城市的文脉所形成的城市文化形象，是城市自身的文化遗存，流芳百世的人物和精神价值，以及城市自身创造的一系列文化象征与文化符号等。城市都存在着传统，既包括一般意义上的文化和习俗，也包括一些可歌可泣的城市精神文化，这是城市赖以生存的精神支柱，在很大程度上成为城市市民的心理文化结构符号。一座城市所具有的文化特征，是这座城市被市民在情感上认同并以为豪的重要原因。李泽厚先生在谈到历史遗迹的美时写道："为什么废墟能成为美？为什么人们愿意去观赏它？因为它记录了实践的艰辛历史，凝练了过去生活的印痕，使人能得到一种深沉的历史感受。"一座城市的历史遗迹具有许多文字难以表述的感染力和震撼力，生活其中的市民往往会把这种深沉的历史感受升华为对这个城市的热爱，在情感上对城市产生认同感和自豪感。同时，一些优秀的历史遗迹还可以起到对市民的教育作用和感召作用，提高文化品位，陶冶高尚的情操。一个城市优秀的文化遗存对城市市民的教育作用甚至会超过刻意提供的凝聚力教育。城市所具有的陶冶人和教育人的功能完全来源于城市良好的人文环境。

三、城市环境设计的审美原则

在现代化的进程中，中国正在走着西方先进国家早已走过的城市化道路，而种种在西方城市化进程中曾经遇到过的问题，以及新时代所出现的新问题，出现在中国城市建设者面前。其中一个至关重要的问题，以什么思想为指导去建设城市？按常规思维，这个回答很容易：高功能。但随着工业社会向后工业社会的过渡，高功能已经不再是人们对城市的至高无上的追求，生活如何更美好的问题更受到人们的关注。新的城市不应是创造高功能的巨型机器，而应该是人们生活的乐园。与之相应，城市建设的指导思想中，"美学主导"的原则应运而生。

（一）功能与审美相统一

城市建设目前最大的问题之一，是功能压倒一切。功能在这里主要指功利，而且是物质功利。城市建设有一个很普遍的说法："寸土寸金"，一切朝钱看。所以，市中心区必然是商业区，而商业区必然是屋子紧挨着的，一丁点空地也没有。人们均朝着能带来机遇的地方汇聚，交通必然紧张，原来的路不够了，就在路上架路，功能压倒一切。城市所有设施的建设，均着眼于如何发挥自身最大的效益，几乎所有的城市，均有不少有碍观瞻的新的建筑物，每天在污损着人们的视觉，躲也躲不开。

多少年来，城市建设一直存在着一条金科玉律：功能第一，审美第二。

城市的功能是什么？城市的建设者和领导者普遍将功能分为经济与政治两方面。但事实上，城市还有一个更基本的总功能，就是居家。一座城市是全体市民共同的家园，功能和审美均是人性的需要，站在居家的立场，二者都需要，只是它们的排位未必都是功能第一，审美第二的。

城市建设有一个总的目的，就是为市民营造一个温馨的家，换句话说，就是营造一个切合人性的生活场所。人性是丰富的，仅为了生存，人与动物无异；仅为最多地获得物质财富，人也与动物无异。人不是物质功利性的动物，人之可贵，就在于人能超越物质功利，追求精神功利。精神功利是一个无限广阔的天地，有些与物质功利关系密切，有些则关系较远。前者有政治、道德，后者有宗教与审美。宗教出世，审美入世。不是每一个人都愿意达到或能达到宗教境界，然而，审美却是每一个人极愿接受并且也能接受的。作为城市建设者，当然不能忘了城市一切设施须着眼于功能，但是也不能忘了这一切设施也要力求审美。这二者要力求实现统一，如果二者发生矛盾而又不能实现统一，则须酌情处理，或审美为功能让步，或功能为审美让步。当然，最好的处理，是功能与审美的统一。

如今，人类科学技术的发展已经到了足以实现审美即功能的程度，以何种思想指导城市建设就成了一个重要的问题。

城市建设的指导思想，首先涉及的是对城市功能的理解。城市的功能，可以被概括为宜居、利居和乐居。宜居重在生存，利居重在发展，乐居重在生活质量。

从建设宜居城市的目的出发，须将生态作为城市建设的主导。生态是城市建设的基础，这是我们首先要重视的。过去，我们在这方面是忽视的，城市建设中所带来的生态破坏，严重损害人的居住环境，危及人的生存。但是，城市建设唯生态主义是不行的。唯生态主义，就只有抛弃文明，回到原始蛮荒的时代，这一则不可能，二则不必要。我们所需要的是在生态与文明之间找到一个合适的平衡点，能够使二者实现和谐。

城市集中着许多重要的资源，是人们经商、从政、就学、创业的好地方。它的高功能性使得它在本质上就是利居之所，但正如上文所说的，城市基本的功能是我们的家。按家来要求，生存第一位，生态环境不能不作为基础层面来考虑。按家来要求，发展也很重要，人们从四面八方来到城市，企求的是经济、政治、文化、教育等方面的发展，一句话，就是寻求最大的功利，故不能不考虑功利。

但是，人毕竟不是纯功利的动物，不能只是为某一种功利而活着。人需要生活，而且需要高品质的生活，这一高品质的生活，涵盖着诸多方面。当然，首先涵盖优良的生态状况，其次也涵盖优秀的创业条件。但绝不止这些，它还涵盖优雅的艺术氛围、优越的生活设施、种种让人陶醉的审美活动及审美对象。相比于功利，也许这种高品质的生活，才是城市的魅力所在。

从建设乐居城市的目的出发，则需将审美作为城市建设的主导。宜居讲生存，利居讲发展，乐居讲生活质量，讲生活质量则必然重视审美。

审美主导以建设高品位生活为目的，强调的是生态与文明、物质与精神、功能与审美诸多方面的和谐。总体和谐性是美学主导首先要重视的。其次，它在重视城市生态建设和各种功利事业建设的同时，特别注到城市对市民的审美亲和性。城市的审美亲和性虽然跟城市景观有一定关系，但不以景观为决定性的前提。许多景观平凡的城市，并不失审美的亲和性，反过来，有些城市景观并不差，但市民不爱自己生活的这座城市，这说明这座城市的审美亲和性很差。城市的审美亲和性涉及诸多方面的问题，有些属于城市建设，有些属于城市管理。这需要城市的领导者与市民共同努力去解决。

从提高生活质量来说，增加城市的艺术氛围和构建城市意境是至关重要的。意境是艺术美学中的范畴，它是艺术美本体，将它用于城市，就意味着城市也要像一首诗、一幅画、一首歌曲。意境的载体是城市形象，它是城市的外观，这外观应该是美丽的、动人的、有特色的、让人经久难忘的。但城市意境最为重要的不是它的外在形象，而是它内在的意蕴，它的文化、它的历史、它的精神。构造城市意象是需要相当好的艺术修养的，强调城市建设以审美为主导，有助于城市意境的构建。

现在，理论上有一个误区，以为审美就是讲形式，注重外观的漂亮。其实，审美是人生的最高追求。真、善、美三者，美是最高的，最高的美涵盖真，也涵盖善。它与纯粹的真、纯粹的善不同，主要在于它融入众多因素，注重形象，全面地切合人性。审美说到底，就是注重生活的质量。生活的质量当然离不开生态，生活质量以生态和功利为基础，但它不止于此，生活质量还有更高的追求，属于精神方面的、情感方面的。

（二）工程与艺术相统一

人类的生产物有许多种，其中有工程类与艺术类。工程类是具有明确的实用价值的，主要是满足人们物质生活的需要。艺术类则没有明确的实用价值，主要是满足人们精神生活上的需要，这精神上的需要，又主要是审美的需要。这种区别不是绝对的，工程与艺术在很多情况下是可以互兼或互含的。也就是说，工程可以具有艺术性，而艺术在某种情况下也可以成为工程，兼具实用性。做得最好的，则工程与艺术的区别消失了，工程即艺术，艺术即工程。

城市中最主要的工程是建筑。长期以来，人们关于建筑本质的认识是存在分歧的，有人说建筑是工程，也有人说建筑是艺术。其实，这两种说法是可以统一的，建筑既是工程，又是艺术。当然，建筑首先是工程，这是毋庸置疑的，但是人们盖房子，从来就不只是满足于实现其功能，总是力求将建筑物建得尽可能美一些。

建筑所追求的美，不只是体现在建筑的外观上，也体现在建筑的功能上。建筑的功能主要在于空间布局。优秀的建筑，其空间布局不仅是具有卓越的功能性，而且也具有卓越的审美性。

美感产生于形象的感受，我们一般将艺术的形象称为"意象"，而将环境的形象称为"景观"。艺术美，美在意象，意象是艺术美的本体；环境美，美在景观，景观是环境美的本体。景观作为环境美的本体，其地位同于艺术的意象。

环境具有多种性质，最基本的有两个：一是人生活所必需的物资条件；二是人生活所必需的精神条件。环境美筑基于环境的物质条件，却实现于环境的精神领域。环境美离不开人的欣赏，当人以审美的眼光看待环境时，环境就成了景观。景观品位有高有低。景观品位直接决定着环境美的质量。在城市环境的建设中，功能与审美的统一，其重要表现是将工程创造成景观。

城市是一架巨型机器，它是由诸多部件构成的。在总体功能明确后，各个具体部件，各自担负着某一具体的任务，城市规划是需要落实到每一项具体工程的。每一项具体工程功能不一，其审美性质也不同。建设者需要从各自不同的任务出发，将其建设好。一是兼顾具体功能与审美的统一，二是实现与整个城市环境的统一。

城市工程的审美营造是一项艰难的工作，由于工程的本质是功能，功能在相当大的程度上决定、制约着审美，因而，工程形象的营造不仅需要工程师具有更高的专业修养，而且需要具有相当精湛的美学修养和其他修养。

能不能自觉地将工程既当作工程，又当作景观，在很大程度上决定着工程的美学质量。自觉性在这里是重要的，因为通常不会将这一点提到自觉的高度。中国许多城市的建筑平庸，跟建筑师缺乏这种自觉性有很大的关系。因此，观念是最重要的，观念的更新是第一位的。

（三）以美学为主导的原则

在城市建设的实践中，不会只有一种指导思想，而会有诸多指导思想，这诸多的指导思想可被概括成真、善、美三个方面。真是基础，善是功利，所以，这三方面实际上是两种指导思想：功利和审美。按照哲学上真、善、美相统一的原则，这统一是在美上。统一在美上，并不是说只有美，相反，美正是由善与真转化而来的，美中有善，美中有真。美不只有形式，还有内容。形式是内容的存在，内容是形式的实质。城市美的外在表现为形式，它的功能包括物质上的功能与精神上的功能。功能是益于人的，故而是善的；功能合乎规律，合乎生态，故而又是真的。真体现为善，善依据于真，故善以真为本；善因显现为恰当的形式，既利于人又悦于人，故又为美。美学主导，绝不能被理解成形式主导，而应将其理解为以真、善、美相统一的原则为主导。

以美学作为城市建设的主导，不影响以城市功能性的发展目标为指导。它只是要求将功能性的发展目标提升到审美的高度，从而全面实现城市的功能，让我们的城市不仅是具有强大功能的巨型机器，而且是我们美好的家园。

第七章　美学视域下的城市景观设计

城市景观设计，是一种创造城市居民生活空间的艺术，是包括城市规划、城市设计、建筑形式、园林、雕塑、室内设计等多个层面在内的系统整合艺术。当前，我国城市经过一段时间的飞速发展，过度城市化的诸多弊端已经现出端倪，亟须在一定程度上放缓规模扩张的脚步，加强城市景观设计，在美学思想的指导下设计城市的景观，为市民创造一个健康、和谐的生活环境。

第一节　城市建筑景观设计

一、城市开放空间景观设计

（一）城市广场景观设计

城市广场是开放空间中不可或缺的空间表现形式，指城市中向公众开放的开敞空间，是城市居民社交往来、休闲娱乐和信息交流的重要场所，能够反映城市历史文化和艺术特色的建筑空间。

城市广场是最古老的城市日常休闲活动的场所之一，它的出现并非人类有目的地对城市空间进行塑造，而是人类实际社会需求的结果。

1. 城市广场的定位

广场，曾经是为君主、为权力而设计的，那个时代的广场是恢宏的、令人惊叹的，但毕竟已经远离了普通人的生活。现代意义上的广场是为普通人服务的，我们应该重新认识普通人应该如何在景观设计和城市建设中得到关怀，强调普通人在日常生活环境中的活动，强调广场为人所服务的特征。这里的"人"是一个景中的人而不是一个旁观者。因此，广场或景观不仅仅是让人观赏、向人展示的，而是供人使用的，使人成为其中的一部分。场所、景观一旦离开了人的使用便失去了意义，成为失落的场所。

2. 城市广场的建设误区

自改革开放以来，城市广场的建设在大江南北的广大城市兴起，形式各样的"中心广场""时代广场""世纪广场"应运而生。总体上可以分为政治性广场、文化性广场、交通性广场。但是每个广场的功能性都不是单一的。例如，天安门广场主要的功能是政治性，同时又具有文化性；西单广场主要的功能是文化性，同时又具有交通性。由于我国之前并没有建设广场的经验，很多城市广场模仿西方图案式的城市广场规划模式，却由于东西方国情的不同出现了很多误区。许多广场往往并不以市民的休闲和活动为目的，而是把市民视为观赏者，也许只有置身在半空中俯视才能更好地欣赏布局规整的几何图案，就如同路易十四推开凡尔赛园的舞厅窗户就可以看到花园里最好的图案一样。大多数广场以复杂的图案、宏大的尺度、光滑可鉴的地面铺装以及修剪得整齐的大面积绿地为美，陷入了追求纯粹的形式美的审美误区。广场无座椅休息，更无树荫遮阳，缺乏真正意义上的绿化，忽视了市民对于休闲、文化、娱乐的需求。

3. 广场景观设计的基本要素

广场景观设计的基本要素包括公共艺术、水景、铺装设计等。

①公共艺术体现了城市广场的中心思想及文化底蕴，是城市广场的形象代表，其艺术感染力对城市广场的塑造起点睛之笔的作用。

②城市广场水景设计是由人工或自然水体构成的广场景观形式，它伴随着城市的发展和人们审美意识的变化而产生，它不仅是一个城市在发展时期的美学思想体现，而且是一个城市历史符号和识别标志的重要表达，是融汇一个城市公共空间精神的具体场所。广场水景的生成有赖于地方特色空间的构造，要呼应当地的地形、地貌和气候等自然条件，不能将其安置在一个空洞的环境当中，也绝不能无视广场周围大的空间氛围。

③广场铺装设计应根据不同性质、不同功能的广场类型分别进行设计。除了不同的色彩、形式搭配产生的审美艺术效果，还应注意材质的运用首先以安全性为主，如硬质铺装可防止滑倒。考虑到大多数人使用情况的同时，还应照顾到特殊人群，如老人、儿童、残障人事等的需求，符合无障碍设计铺装规范要求。

（二）城市公园景观设计

城市公园开放空间相对于城市广场，在空间层次上更独立一些，是城市绿地系统中最大的绿色生态区域，被人们亲切地称为"城市的肺""城市的氧吧"，对于改善城市环境，有着极大的推动作用。现代意义上公园主要有湿地公园、森林公园、地质公园及各种主题公园。

1. 城市公园景观设计误区

①公园设计与城市整体环境割裂。在城市中心地带建公园时，往往需要迁居民、拆商铺、封道路，似乎只有这样，公园才能被称为"公园"，才可以作景观装饰。与此同时，在一些居住区和开发区，地产开发商都在充分利用每一寸土地，增加建筑面积。于是建筑是建筑，广场是广场，公园是公园，绿地是绿地，相互之间割裂开来。城市开放空间是城市空间的重要组成部分，更确切地说，它连接了各种不同的城市用地功能，是城市景观的生命系统。一方面城市居住区拥挤不堪，另一方面，又在并不能让大众日常享用的地方兴建公园绿地和花坛，这是在目前各大城市中普遍存在的问题。

②将"公园"建设为"花园"。美国风景园林对世界风景园林的最大贡献之一是将自然原野地作为公园。但是这种先进的思想在国内却往往以"国情"为由，被拒于千里之外。"玉不琢不成器"的"造园"思想，成为中国"城市美化运动"中的一大特色。落叶乔木被代之以"常青树"；乡土"野花"被代之以"四季开花"的异地奇花异草；"野草"被取而代之以国外引进的名贵草坪；自然的溪涧被改造成"小桥流水"；自然地形也被替代为人工假山；挖去天然岩石代之以瓷砖、大理石铺地。把公园做成花园，把自然景观改造成花园式的公园。这种现象普遍存在于国内各大城市和风景区中，与改善人居环境的目标背道而驰。

2. 城市公园景观设计要素

（1）地形

公园中不同的地形为人们提供了不同的游乐、户外活动、休闲方式。

《园冶》中有"高方欲就亭台，低凹可开池沼"，讲求因地制宜，对原有的地形应尽量保留，可以通过适当地增加或减少微地形来强化空间效果，丰富空间形式，自然的环境有利于形成对周围有利的微生态系统，还能让公园更富有生命力和活力。

（2）交通

公园中的道路、场地及铺装对于公园景观的联系和营造有非常重要的作用，不仅可以引导交通，连接各个景观节点，还可以形成良好的视觉效果。丰富的园路形态可以与周围的建筑、景观、植被等相联系，形成路随景转、景因路活、景与路相得益彰的艺术效果。

（3）水体景观

中国古典园林中素有"有山皆是园，无水不成景"之说。水是景观环境中的重要构成元素，富有独特的灵性和气质，是营造诗情画意、引发人的无限遐想不可或缺的元素。它通过人的视觉、听觉、嗅觉和触觉等，形成对水与周围环境的感知，进而激起人的愉悦的情感和兴致。

（4）植被

公园是植物树木比较集中的区域，自然环境相比城市较优越，同时由于水体和绿色植物的原因，公园能够形成一个更好的小型气候，更加适应植物的生长，在植物配置时应当认真调查周围的环境情况，尽量选择本土植物，以当地的乡土树种为主。本土植物更能彰显地方的特色，维护生态的多样性，更能适应环境，抗病虫害的能力更强，同时日常养护的费用还较低。同时还要注意乔、灌木，落叶木与常绿木，快长树种与慢长树种的比例，以及草本植物和地被植物种类的搭配。还要注意各种植物的生物学特性、习性适应不同的地形特点。

（5）公共艺术小品

公园中的公共艺术小品主要包括公共艺术设施、视觉导向系统、公共雕塑、小型壁画及室外装置艺术。在公共艺术的艺术表现基础上增添部分功能因素，让人们参与到艺术作品中来，以触摸、倚靠等方式亲身感受公共艺术魅力，通过不同的角度欣赏公共艺术作品以及周围的环境，使人们与公共艺术及周围的环境产生一定的互动关系，更加直接、生动地通过休闲娱乐的方式得到精神上的满足。其所传达的思想内涵要能使作者和游览者产生共鸣，还要使公共艺术小品融入环境中，使人参与到公共艺术小品中，从而达到人与环境交融的最终目的。

二、城市住宅景观设计

城市建筑中数量最多的是住宅。与公共建筑作为社会生活的需要不同，住宅是人的生活的最基本需要之一。人们在住宅中度过生命中的大部分时间，作为社会细胞的家庭也以住宅为其物质载体。因此，住宅建筑首先以其巨大的数量对城市建筑景观起着基础性作用。一个城市，不论市政建筑多么宏伟，也不管车站机场多么漂亮，商场如何华丽，教堂庙宇如何庄严，如果市民都住在破烂不堪的棚户区、肮脏污秽的贫民窟里，那么，这个城市只能给人丑陋和混乱的感觉、矛盾与冲突的印象。可以说，住宅建筑是城市形象的血肉，只有与公共建筑的骨骼系统相互配套，才有完整而美好的城市景观。

（一）住宅建筑的美学价值

住宅建筑在城市中一般以独立式住宅、联排式住宅、公寓及邻里的方式出现。它们对于城市空间的审美创造，表现出各自的优势与不足，具有各不相同的美学价值。

1. 独立式住宅

独立式住宅一般是请建筑师特别设计的。由于住户往往有强大的经济实力，希望住宅能够在美好的自然景观之中，而与其他建筑物保持一定的距离，因此这类独立式住宅都有较好的建筑造型。但住户的审美趣味不同，这些住宅也就具有异彩纷呈的特点。

对于城市建筑的多样性来说，这种强烈追求个性的建筑艺术是有积极作用的。可是，由于每幢住宅都会强烈地表现业主的尊荣与财富，谁都不想使自己的住宅成为城市整体景观的配角，建筑的个别美会导致城市形象整体美受到损害。好在大自然毕竟只有一个，再想炫耀也不能超越大自然的限制。所以，这类各自为政、互不谦让的独立式住宅，常常依靠绿化的作用，把相互冲突的建筑形式或多或少地统一起来。有的城市将独立式住宅道路旁的绿化处理成开敞的，以便与建筑相互交融；用围墙、围篱形成连续不断的景观，使具有单体美的建筑物面前的花园，变成统一的景观设计。于是，在保持和发扬单体建筑美的多样性的同时，用绿化来增加它们相互之间的统一性，从而符合了多样统一的形式美的规则。正是采用绿化来强化独立式住宅之间的联系，才使得一些城市的独立式住宅区成为相当好的景致。

2. 联排式住宅

联排式住宅在美国被称为排屋，是指三个或更多的连接在一起的住宅。这种建筑可能是完整的有机统一体，也可能是不同设计的住宅联合体。不论哪种形式都具备这样两个共同因素：一是两户之间有一道共用墙；二是几户住宅的前立面在同一个平面内。

联排式住宅不仅比独立式节省土地和经费，而且可以创造出明确简洁而又有生动性的建筑形象来。跟数量相等的独立式住宅相比，联排式住宅立面的长度常常大于高度，屋顶很容易形成宽阔而连续的平面，在其水平展开的过程中，给人以舒展的心理感受。如果屋顶的水平线被老虎窗、水箱或烟囱所打破，这些物件由于相等的间距、相同的形体，会形成很强的节奏感，同样可以得到令人满意的形式美的效果。

3. 公寓式住宅

公寓作为另一种类型的住宅，可以说是住宅的集约化形式。它可以更经济地利用土地，供电、供热、给水、排水、煤气及通信设施都是统一安装的，可以节省很多建造费用和维护费用。在人的活动和公用设施两方面都具有最大众化的特性。但是，公寓中只有住在底层的住户才可以直接从底层出入，公共绿地或花园却是为所有的住户建造的。这就使得有条件拥有私人庭园的人，一般不愿住到公寓建筑中来，因为他们可以在一个相对独立的空间中生活，可以按照自己的意愿来安排住宅周围的小块园地。但是，对于人满为患的大中城市来说，公寓是解决住房问题的首选形式。

从建筑美的角度来看，公寓常常以较大的体量出现在城市中，节约土地和服务设施的集约化是公寓的基本特征，这就使得公寓建筑在形象上总是比独立式住宅和联排式住宅显得更加高大，同时，使得它们对于城市景观的作用，也相应地显得重要和明显。

4. 邻里

邻里也称邻里单位，是美国人 C.A. 佩里在 1929 年首先提出来的居住区规划中的一种结构形式。其核心思想是为了满足城市居民在汽车交通迅速发展的情况下，对交通安全和居住环境质量的基本要求。佩里主张以城市干道所包围的区域为基本单位，建成具有一定人口规模和用地面积的"邻里"，在其中布置住宅建筑日常需要的各项公共服务设施和绿地，创造一个舒适、方便、安全、优美的居住环境，并在心理上形成一种亲切的"乡土观念"。这样的邻里单位，虽然包括一些公共服务设施，但住宅建筑仍是最主要组成因素。因此，需要安排好各种不同类型的建筑，使人们通过自己所居住的邻里的优美，进一步体验到城市的美好。F. 吉伯德认为："邻里设计的首要的美学问题，是如何创造出整个地区的有形的同一性，也就是说，如何创造出本地区区别于其他地区的自身的特性。"当然，邻里作为上万人居住的生活环境，必然有齐全的服务设施、合理的建筑密度和适当的规模，能够让不同年龄、不同职业的居住者首先享受到它的功能美，才会引导他们去体验结构的美。也就是说，只有在重视内涵的基础上，邻里设计的美学问题才能真正得以解决。

（二）当前住宅建筑景观的设计误区

1. 忽视设计的实用价值

目前，我国的住宅景观设计师往往更加注重美观和建筑形态规划设计相协调的景观设计而忽视实用价值，这是当前住宅景观设计在中国存在的一个严重问题。实用性是指利用景观，使景观与环境住宅景观设计具有一定的实用价值，以确保居民在日常生活中可以用来发挥其功能。如果不能发挥其原有设计的作用和功能，即使外观宏大而华丽，这种设计也可以说是一个失败的设计。因此，在居住区景观设计中注重实用性，需要成为众多设计师的共识。

2. 缺乏人性化设计理念

住宅景观设计是指住宅本身的特点，是为了满足居民的基本需求，并为居民的日常生活和活动提供一定程度的便利。因此，在住宅设计、景观设计、施工过程中，必须坚持人性化，以人为本，尊重人的诉求。但目前，我国许多城市的居住区景观设计的最大问题是不遵从居民生活的实际需求，这不符合人性化的设计理念。

3. 无法与周围环境相协调

在我国许多城市住宅景观设计的现状、设计过程和实际效果中通常发现这样一个问题，住宅小区景观设计与周边环境、城市区域环境、当地景观相背离，不协调，甚至相互冲突。这就是住宅环境的定位出了问题。居住环境是应当与当地的环境、气候等诸多现实因素，与当地的实际情况相匹配的。如果住宅的景观设计与城市环境的特点不协调，与周围的建筑风格和环境布局不一致，这样的景观设计无论如何不能被称为一个成功的作品。

（三）住宅景观设计要素

1. 实用性要素

我国大部分住宅景观设计中存在片面性和形式主义的问题，而忽略了住宅整体的实用性和功能性，在进行住宅景观设计时，设计单位和设计人员要转变观念，了解小区景观设计的要求，并将其贯彻到设计实践中。居住区景观设计应加强指导和监督，对形式主义的设计问题要及时发现并进行纠正，使设计更注重实用功能。

2. 人性化要素

服务居民是住宅设计的基本目的，因此住宅景观设计应该突出以人为本的基本特征。我国目前城市住宅景观设计的数量庞大，大多数存在片面追求形式主义，而忽视居民日常生活需要的问题。因此，城市住宅小区景观的人性化设计原则需要在设计过程中得到加强。景观设计与社会的和谐发展应体现人性化，需要注意体现舒适度及安全性的基本要求。

3. 地域性要素

居住区景观设计应与区域内的环境相协调，有助于城市的总体规划和布局。中国居住区景观设计应有自己的特点，不能盲目跟风西方建筑风格设计，复制西方作品，要注重本地特色和优势，并最大限度地提高当地的自然景观和城市和谐的建筑风格。

三、城市桥梁景观设计

（一）桥梁建筑的审美特点

桥梁建筑的审美与一般的文学艺术审美不同，它以一个现实存在的结构实体作为审美客体的建筑。它与一般的建筑结构物也有区别，即桥梁建筑以其全部外裸的结构特性，以及各组成部分功能明确的形象来组成一个和谐的整体，启发人们的联想，激发人们美的感受。它除了遵循一般审美的规律要求外，还具有自己的审美特点。

1. 直观性

人们在审视欣赏桥梁这个存在于现实自然环境和社会环境中的建筑物时，其外在的形象直接刺激人的视觉感官，引起神经系统的兴奋，然后调动自己生活中积累的审美经验和联想，对审美对象——桥梁建筑产生丰富的美感。上述过程往往是在目视到桥梁建筑的瞬间形成的。

人们对桥梁建筑这一审美对象的情感体验与瞬间发生的审美直觉相伴随，是桥梁建筑审美的一个显著特征。也就是说，桥梁美是通过一定对象的感性风貌，即一定的形体、线条、色彩、质地等直接的形象感知因素或表象来体现的。

2. 趋同性

建筑美是人们生活审美意识和先进的建筑科学技术的统一和协调，并随着社会生产方式的进步，科学技术的发展，政治、经济、哲学及伦理观念的演变而发生变化及不断创新，从而形成不同时期的建筑风格。但是对于桥梁建筑来说，它与一些带有鲜明社会内容的审美对象不同。它所具有的美的自然性、功能性有自己相对独立的审美标准和评判价值，也使之在结构造型设计方面，必须服从基本结构体系特点，从而使设计者个性发挥方面的空间较之一般房屋建筑要小。

时代的发展和进步，使世界各国、各民族之间科学技术、文化意识得到更广泛的交流和相互的渗透，使所处的国家、民族、阶级阶层不同的审美主体，面对共同的社会和利益，以及改造社会和自然的某些共同的愿望，有可能产生某些接近或共同的心理反应、审美观点、审美标准、审美能力等，也就会对同一审美对象（如桥梁建筑）产生某些相近或相同的审美感受和评价。

随着轻质高强材料的使用，先进设备的装配化施工技术的应用，跨越能力、通行能力、承载能力的提高，造型简洁轻盈的结构设计成为各国现代化桥梁建筑追求的目标。尤其是人类进入 21 世纪，高新技术的交流应用，世界性的商品市场发展，知识经济的主导作用，促使桥梁建设方面美学造型的目标越来越趋向一致，形成桥梁建筑的世界性时代特征。

3. 空间感

桥梁结构不同于其他结构，它的三维空间特点全部在人的视觉之内，没有隔断和封盖。人们可以上下、左右、前后，在无限的空间进行观赏，所以，视点位置、角度不同，所见到的桥梁画面是变化的。

人们视觉移动的过程，必然引起桥梁各结构部分空间关系形象的变化。远视时，人们看到桥梁与环境的整体形象；走到桥下，可能由于净空低而感到压抑，或者由于跨度小、桥墩数量多而感到零乱；到了桥面上，可能由于造型优美的栏杆和宽阔的桥面而感到舒畅优美。所以桥梁结构造型必须考虑空间关系。空间的形象必须是虚实相宜，线条简洁流畅。

4. 力度感

在桥梁结构中，力的传递由直接承受荷载的构件以一定的规律传递给其他构件，如此形成一个力的传递路线，所以在结构设计上为使力的传递路线简洁明确，应按一定的规则来配置构件，以求得在结构整体上的视觉平衡。构件数量多的桥梁，从外观上也显得烦琐，而导致视觉上的混乱。能明确而直观地辨认出力的传递路线，并以简单、明确的几何形状的构件所组成的桥梁，可被评价为在力学上合理、在外观上漂亮的桥梁。这与构成技术美的要素之一的形式美是一致的。

（二）桥梁建筑的审美意义

在城市景观设计中，大型桥梁具有城市的地标意义，也是城市的标志性构筑物。它提高与充实了社会主义两个文明建设，同时作为城市的大型基础设施配套，使各地政府或投资商逐渐由对交通功能的需求转化为对交通、景观的双重需求，是社会物质生活富裕后对情感意识艺术美学的追求，是人性化、"以人为本"社会意识的自然流露。

现代的桥梁已不纯粹以满足交通功能为目的，因为桥梁巨大的跨度、强烈的形体表现力、超凡的尺度、巨大的社会资源投入，对城市房地产、区域人口等的发展产生巨大影响。因此桥梁景观设计既要注重桥梁本身构造技术、形态美学的设计，又要注重桥梁景观的协调设计。

随着人们审美意识、景观观念不断增强，景观设计越来越受到人们的关注。桥梁等大型工程建设，既要重视质量又要重视景观；不但要满足交通功能的要求，而且要与周围环境和整个城市融为一体，成为一道独具特色的建筑"艺术品"。

1. 美化城市景观的意义

城市有着政治、商业、文化的中心，往往人口密集，高楼大厦鳞次栉比，如何在桥梁两侧的地域中布置好景观绿化用地，使其融入城市景观，提升城市品位是一项重要的研究课题。它对桥梁景观美学设计提出了迫切需求。

2. 和谐城市规划的意义

任何时代的城市规划设计都带有明显的时代特征。西方现代城市化的特征为功能化、巨大化和情报化。而城市规划设计在兼顾三者的同时，更要重视生态环境保护。在城市总体规划中交通路网规划和河网绿化规划，以及城市市民公园布点规划，往往结合大型桥梁的布局，沿江河岸设置桥头公园。体现大型桥梁景观美学设计是城市规划的迫切需求。

3. 改善城市生态的意义

生态城市是生态文明时代适应人类社会生活的新的空间组织形式，是一定地域空间内人与自然系统和谐、持续发展的人类住区，是人类住区（城乡）发展的高级阶段、高级形式。生态城市的特征是整体性、和谐性、高效性、多样性。生态城市包括五个层面：生态安全、生态卫生、生态产业、生态景观和生态文明。

生态城市要求具有良好的区域景观和生态环境；各类土地得到合理的利用，因地制宜地确定植被的覆盖率和乔木、灌木、草的合理组成与结构；大气环境、水环境达到清洁标准，噪声得到有效控制，固体废弃物的综合利用和回收效率高；保护生物多样性及其生物环境，人工环境与自然环境相融合。

为了建设优美的生态城市，改善城市的生态环境，将桥梁设计从简单的交通功能和结构安全设计，渐渐推进到以美化桥梁为主题，更加突出桥梁生态景观美学设计。这符合建设城市生态环境的迫切要求。

（三）桥梁环境美学的设计方法

桥梁建筑环境设计，不是装饰自然，而是希望发挥自然界的功能，或者说希望桥梁建筑同周围自然景色一起发挥作用。中国长城的修建，即充分利用了起伏险峻的地势。现今观之，其既蜿蜒曲折，又雄伟壮观。所以，桥位处自然环境条件为桥梁设计确定了基本准则。根据桥位周边景观环境要求，我们可按山区、平原、城市三种情况来讨论桥梁建筑环境设计的问题。一般采用的手法有隐蔽法、融合法、强调法。

1. 隐蔽法

隐蔽法以保持原有自然和社会环境景观为主，将桥梁建筑对原环境的影响程度降至最低，即尽可能做到藏桥于景中。此法主要应用于山区或风景区的小跨径桥梁。

中国石拱桥的美，不仅表现在桥本身，很多修建在名胜风景区的古老石拱桥与楼、亭结合在一起，形成了极具民族文化特色的桥楼、桥亭建筑，如修建于唐宝历年间的万里桥。该桥建在亭楼之下，由上而观之，只见亭而不见桥，融桥于景色之中，大型桥梁很难做到这一点。

2. 融合法

融合法指有效地利用自然和社会环境条件，使桥梁成为构成新环境的一个要素，与周围景观共同组合于总体景观和环境的画面中。也就是说，桥梁在具备自身功能美的同时，还要以其特有的艺术美，融合于桥位处环境与景观中，使它们相互"依从"，相互"呼应"，彼此增景添色。这样的例子较多，融合法也是常用的方法。

3. 强调法

强调法是一种突出桥梁建筑，使其成为景观主体的手法。远望桥梁，原来平淡无奇的景色，突增雄伟壮观之势，桥梁成为人们瞩目的景观中心，产生象征性的作用和效果，给人以永难忘怀的印象。一些城市跨河越江的大桥或特大桥往往属于此类。

第二节　城市历史文化景观设计

对于城市景观而言，如果说"自然"造就了一个城市的外在风貌和美好形态，在城市环境中追求人与自然和谐统一、共生共荣是城市景观的审美理想和城市景观美学的终极追求，那么，"历史"则可以认为彰显了一个城市的内在魅力与优雅气度，是城市景观的灵魂，是城市审美精神的实质与宗旨。深厚的历史人文底蕴是城市生命的印记，它积淀出城市的精神气质，培养出城市的文化个性，以其深层的历史感受感染和震撼着人们的心灵，引导人们进入精神的家园。一座城市不能只有文字、图片等精神符号记载的历史，还应该将人类的历史积淀实体化和符号化，使其成为看得见的血脉、可触摸的灵魂。它存留于环境中，融汇在生活里，昭示着过去，见证着现在，预示着未来，将人类历史予以典型呈现。而这呈现的方式就是我们的城市景观或者说城市历史文化景观。

中国是一个具有悠久历史文化传统的文明古国，浩瀚的历史长河给我们留下了许多引以为傲的历史遗迹：巍峨雄壮的万里长城、雄浑博大的北京故宫、清丽宁静的江南民居、厚重古朴的西安城墙。其或崇高、或凝重、或典雅、或深厚的审美品格，让每一座拥有它们的城市都散发出撼人心魄的美感，让每一个驻足于前的人们都心神激荡、难以忘怀。然而，随着改革开放以后中国经济的迅猛发展和城市化进程的加快，我们迫切地要将小城镇发展成中等城市，将中等城市升级为大城市，大城市更是要站上国际化大都市的舞台，于是乎，肆无忌惮的城市改建、轰轰烈烈的拆旧建新，以及对现代化、西洋化的顶礼膜拜，使我们城市中大量的文物古迹、历史景观被无情地拆除与毁坏，取而代之的是现代化而千篇一律的摩天大楼、大广场、景观大道。对历史景观的粗暴对待，对富有传统特色的建筑的无情拆除，对城市文化环境构想和品质认定的缺乏，以及在对城市换容的过程中，新旧城市、珍贵的古建筑与现代新兴建筑的"起承转合""来龙去脉"都缺乏慎重和理性的思索，不仅失落了城市的历史脉络和文化特征，还失落了代表城市审美精神与内涵的传统特色和地域个性，其结果不是增添了城市之美而恰恰是失去了城市原有的特色之美。

如何克服当前中国城市景观建设的盲目性，保护好那些代表着人类文明与岁月沧桑的历史遗迹，传承与延续一个城市的历史文脉，彰显出具有传统气质和历史氛围的城市特色与个性，并在此基础上做出恰当定位与正确规划，在城市景观的营建中，处理好新城与旧城、富有时代气息的现代景观与富有传统韵味的历史景观之间的矛盾与冲突，已经成了当前中国城市化进程中一个不容忽视且日益紧迫的问题。在我们走向民族复兴、弘扬传统文化的今天，如何理解和把握城市，特别是历史文化名城的特点，并设法保持和进一步发展这些特点，是需要我们深入思考却并未引起重视的重大课题。

一、历史文化景观的审美要素

（一）显性要素

1. 自然要素

自然要素包括阳光、气温、空气等无形物质，地形、地貌、江河湖海、泉水池塘、山川丘陵、沙漠戈壁、树木、森林、花草、动物等有形物质。

2. 人工构成要素

人工构成要素包括城市格局、街区街巷空间、历史建筑、建筑风格、古井、城市天际线、古桥、牌坊、碑刻等。

3. 人文构成要素

人文构成要素包括地方语言文字、历史事件、神话传说、社会风俗、习惯、礼仪、民族特色、人们的宗教娱乐活动、生活特色、传统产业、手工业、生产技术，民间工艺等。

（二）隐性要素

1. 精神要素

"一方水土养一方人"，精神要素是人们信念与地域特征的结合产物，是民族之间、地域之间、文化之间和人的生活方式之间的本质区别要素。历史街区文化景观的精神要素，既表达了人的价值取向和精神状态，也体现了物质文明的综合水平。

每个城市的发展都昭示了城市精神的形成过程，城市中的历史街区是这种精神在某一时段的"缩影"，反映了街区中居民的整体价值观，生活在其中的城市居民在潜移默化中不自觉地参与了城市精神的形成、发展。

2. 宗教要素

宗教要素不仅指宗教活动本身涉及的元素，还包括城市精神寄托场所和仪式所涉及的元素。正如传统西方的宗教精神赋予城市宗教路径、空间和仪式广场等特征一样，传统中国的"天人合一"理念赋予城市"顺应风水"特征和诗意的内向体院特征。城市自诞生之日起，就成为人类表现信念的物质载体。

3. 价值要素

价值要素是一定范围的人群在对个体和社会环境状态总体上趋同的评价标准。对历史街区而言，价值观体现了这个区域的人们物质生活和精神生活状态的态度和追求趋向。可以说价值观是人的认识的浓缩。不同人群、不同时期、不同地域，其价值观大相径庭。不同的价值观产生不同的行为准则和生活方式，进而产生不同的城市空间和形式特征。例如，传统西方宗教至上和以人为中心的价值取向，使城市建筑对立于环境，宗教空间成为城市的主体；而传统中国的"天人合一"取向造就了城市建筑和自然环境融合的山水城市和园林居所。

4. 文脉要素

每个城市、每个历史街区都有着深厚的历史背景和文脉，它们在不断无声地影响着城市的空间结构、肌理、形态特征等，蕴涵着这里人们的生活习惯、行为方式、宗教信仰等，对城市文脉的延续导致了生活方式和社会行为的延续。在每一历史街区中，种族群体的文化传统及其演进对文化景观的组织与发展产生影响，形成了文化景观的特色。文化景观一方面表现为城市的物质形态积淀并延续了历史的文化，另一方面它又随居民整体观念和社会文化的变迁而发展，文化景观又反过来影响生活其中的居民的行为方式和文化价值观念。

二、城市历史文化景观的美学意义

（一）保留传统生活方式与地方风俗文化

城市的人文景观中有许多无形的、传统文化的内容，如民间艺术、民俗风情、民间工艺、传统戏剧和音乐等，它们往往和有形的文物相互依存、相互烘托，共同反映一座城市的历史文化积淀，共同构成城市历史文化遗产。虽然这些并不属于环境设计的内容，但它们完全应该是环境设计中要考虑的因素。因为这些人文景观的存在必须依靠城市物质环境，如民间艺术的练习和演出场地、民族习俗活动进行的地方，还有民间工艺的制作和交易场所等。

人们对一座城市的永久记忆往往与城市的某些生活方式和风俗文化联系在一起。诚然，美丽的城市物质环境会给人留下深刻的印象，但更让人印象深刻的是那些充满了人情味的当地习俗，这是许多城市的游子对家乡满怀深情的动人记忆。著名翻译家萧乾先生谈到他对老北京的记忆时写道："回想我漂流在外的那些岁月，北京最使我怀念的是什么？想喝豆汁儿，吃扒糕；还有驴打滚儿，从大鼓肚铜壶里倒出的面茶和烟熏火燎的炸灌肠。这些，都是坐在露天摊子上吃的，不是在隆福寺就是在乐岳庙。一想到那些风味小吃，耳旁就仿佛听到哗啦啦的风车声，听见拉洋片儿的吆喝；'脱昂昂、脱昂昂'地打着铜锣的是耍猴儿或变戏法儿的。这边儿棚子里摔跤的宝三儿，那边云里飞在说相声。再走几步，这家茶馆里唱着京韵大鼓，那边儿评书棚子里正说着《聊斋》。"这些鲜活的、充满了市民味的生活构成了一座城市文化中最生动的内容。当北京为了发展旅游业，要盖一条食品街时，萧乾先生则认为，如果北京有一条以曲艺和杂技为主体的游乐街，那些有特色的民间艺人的表演，比起烤鸭来，将会给游客心目中留下更为深刻、持久的印象。人们的生活方式是最能够体现出一座城市性格特征的东西。在一些卓有远见的城市学家的观点里，在对城市历史地段的保护中，明确地提出要保护传统的整体环境风貌，维护生活方式的延续性。城市的历史文化景观设计，应该注重城市风貌的完整性、历史的原真性和生活的真实性。对一些老街区的保护更重要的是要留住生活方式，许多风俗文化其实都存在于人们的生活中，如果在城市建设中不注意保护这些风俗文化赖以生存的土壤，也就意味着民族风俗文化的消失。

（二）塑造城市的内在气质

对城市来说，要保持原有的城市特色，开创新的特色，最重要的是对历史性建筑、高层建筑、广告、风景区和新的道路网结构等有关城市景观的重要方面制定一个全面的方针政策，并能够严格地将其贯彻执行。许多城市丧失特色的原因之一，就是这些城市没有制定和贯彻景观政策，对历史文化景观建筑今日采用这种政策，明日又采用另外的政策，造成政策上的混乱，或者缺少这方面的政策，结果导致个别历史性建筑，甚至这个历史性区域遭到无法挽回的破坏。对于城市更新问题，应该采取较为温和的办法，而不是搞大规模的拆建。事实证明，强行对城市进行过多的大型改造，不但旷日持久，而且常常会留下难看的疤痕。一些城市拆除了原有的旧建筑，模仿建造华丽的新城市，结果半途而废，反而把原来的特色破坏了。

虽然现在已经有很多城市的决策者认识到了城市个性形象塑造的重要性，但很多城市把城市的个性设计主要放在外在形象的设计上，停留在城市标志、市树、市花等"面子要素"上，重点放在城市亮化、城市商业街的广告、城市的景观大道的美化和广场建设等"面子工程"上，做表面文章，忽视了对城市更深层次文化形象的塑造。还有一些城市则直接建设"形象工程"，如建城市雕塑、修马路、建景点等，以为有了大型广场、有了最高建筑、有了最大的雕塑、有了大片的草坪就是有了城市形象，在塑造城市形象中忽视了最重要的人文内容。

城市的形象包括城市自身的文化遗迹，流芳千古的人物和精神价值，以及城市自身创造的一系列文化象征与文化符号等。今天的城市形象塑造是城市人有目的、自觉、主动塑造的结果。城市美好的环境设计是塑造美好的城市形象的重要方式，良好的城市环境、高质量的生活空间、出行方便的街道、美丽的绿化和高雅的景观等都是树立一个城市良好形象的重要内容。在中国当代城市形象的塑造中，人们普遍忽视了城市精神理念的塑造、城市人精神气质的塑造、城市市民道德品质的塑造、城市人行为的塑造。城市形象的设计要让市民对城市产生尊敬感和信任感，让市民对城市有归属感和认同感，让城市居民有亲切感。只有在塑造城市外在形象的同时，注重城市内在气质的延续和发展，才能在城市的现代化过程中保留城市的独特个性和面貌。

三、城市历史文化景观设计原则

（一）历史连续性

城市景观始终与一定时间维度相联系，城市与时间的关系是密不可分的。

城市在历史的长河中处于动态的演变之中，城市景观也随着时间不断演化，城市历史地段的景观是遗存下来的记载着城市演化过程的片段。在存在地段原有历史信息的基础上，将新的信息通过某种手段、手法与历史信息连接起来，就是保持历史连续性原则的含义。其中的历史信息和新的信息都应该具有相同的文化渊源，但新的信息应反映当今时代的特点。历史信息的表层结构所展示的是设计艺术学指的"风格样式"——在一定时间和特定的区域环境条件下，逐步形成的具有统一性和共性的程式样式。"风格样式"的出现，不是由一个独立体形成的，而是由时代、民族和地区的不同特色构成的，具有丰富内涵和深层次内容，不同时期的观念、生活方式、审美情也是重要的影响因素。历史地段的历史延续性的表层结构所展示的就是"风格样式"的延续性。

（二）空间连续性

不同的文化结构、经济结构、科技状况以及人们的生活风俗会使不同的地段形成不同的空间形态。也就是说，一种文化或一个社会的建筑表征主要由空间结构形式而不是建筑本身的细部来决定的。据此可以认为，要保护城市历史地段所携带的历史信息的真实性，保持历史延续性，必然要求有相应的空间连续性。中国古镇传统民居在迂回曲折的道路上行进的过程中不断转换视点，空间的划分和正负空间的对比，空间层次的递进及尺度的微妙变化都能营造特有的城市景观。

不同类型的历史地段也具有不同的空间形态。城市老中心区空间一般具有强烈的秩序感；生活类的历史地段大多是线性复杂多变的街巷空间；文物类历史地段则大多表现为点状空间或封闭内向的空间形态；而产业类历史地段大多具有异型空间。要保持城市历史地段原有空间的连续性可以运用类聚的手法，即在该地段原有的空间基础上，进行空间的梳理和整合。

1. 外部空间结构的连续性

空间结构的连续性首先在于理解空间："空"即是"虚"，空间是相对于实体的物体的客观存在方式，人们使用的不是建筑实体，而是虚空的部分。这种解释同样适用于城市景观的设计中，所以说城市历史地段景观的设计应该就是对城市历史地段景观空间的整合过程。空间形态是实体与实体之间空的部分之间产生的三维关系，实体是手段，空间才是目的。在此之上，考察历史地段景观的空间关系时，先要把握整个地段"空的部分"的形态特征，再来考察建构物的实体和细部特征。为了保持地段整体空间的连续性，可以先将开放式空间确定，然后考虑实体景观，这样比较容易保持空间形态特征和地段平面的肌理特征。

城市的肌理是指建筑之间的公共空间以及局部延伸到内的半公共空间所形成的相互关系，是城市空间形态的二维表现。城市历史地段的平面肌理大多数是很有特色的，延续它们的城市肌理是保持空间形态认同感的重要环节。在具体的实践当中可以通过一些理论和方法来分析城市肌理和空间的特征——图底理论、联系理论和场所理论，而且图式思维方法和视觉特征分析方法对这方面的研究也很有益处。城市的天际线是以天空为背景的建筑形体的边界。天际线不仅是地段建筑形体的边界的形式，也是地段空间形态在另一种形式上的反映。如果在地段里安置新的建筑构筑物，它们对天际线的影响是必须被考虑的。在添加之前以原有天际线为对象作为参考，如原有天际线富于变化，那新的建筑或构筑物的形体边界就应该趋于缓和，以突出原有天际线的特征。又如原来的天际线过于平淡均匀，那么新的建筑或构筑物的形态边界就可以适当增加一些节奏感，打破原来的单调局面，为地段注入活力。

2. 内外部空间的连续性

室内空间的设计是地段整体景观空间设计不可不加以考虑的要素，所以历史地段景观设计时必须关注地段新旧建筑的室内设计。从中国传统空间的角度看，室内空间与室外空间并没有绝对的区分。室内外的景致是互通的，有时室内空间也充当了由一个空间到另外一个空间的过渡空间。例如，苏州古典园林中的借景手法突破了空间的限制，在景观空间的设计上没有局限在封闭围合的范围内单独设计，是创造室内外空间连续性的典范。在具体实践中，历史地段的建筑室内设计要反映地段的历史意象和景观空间组成：室外的空间要结合室内空间作为其延伸。应该说，历史地段的景观设计是对该地段的一次温和的有机更新。

第三节　城市生态景观设计

生态城市是宜人居住的城市，也被称为 21 世纪的城市建设模式。它是人类经历了城市生活的痛苦和失望之后的经验总结，也是人们重新建立起来的对城市未来的憧憬。从内涵上讲，生态城市是一个包括了自然环境和人文价值的综合概念，它不仅涉及城市的自然生态系统，使城市的环境优美宜人，还是一个经济、社会、环境协调统一的复合系统。

长久以来，建立一个与大自然和谐共处的生活环境一直是人类梦寐以求的理想。近些年来，国外一些发达国家的城市居民把生活区域从城市中心转移到城市郊区外，原因是追求居住地生态化、田园化，追求贴近自然的低密度独立生活空间。自工业革命以来，城市已经退化成了物理意义上的机械城市，它本身并不健康，因此也导致了整个地球的不健康。环境的变化导致了大量生物物种的灭绝、地球环境的污染和全球气候的变化，许多城市人都经历了城市环境恶化所带来的灾难，认识到了自然和良好的生态对人类居住环境的重要性。

在国外一些倡导生态城市设计的地区，人们已经在生态方面做了一些非常有益的尝试。例如，倡导恢复被填埋的部分河段，重新把街道设计成"慢行街道"，设置了公共汽车行驶专线，把在庭院中设置附属的太阳能温室写入法律，在街道上种植果树，制定节能条例，延迟高速公路的修建，把停车场变为植物园和城市花果园等一系列恢复城市生态景观的措施。其中，城市建筑环境的立体绿化作为当代城市生态景观设计的典型代表，在世界各国得到广泛借鉴与应用。

立体绿化是指除平面绿化以外的所有绿化。其中建筑环境立体绿化主要形式为屋顶绿化（即屋顶花园）、阳台露台绿化、墙体绿化、庭院绿化等。而在城市生态景观的设计中，屋顶花园和墙体绿化是最常用的立体绿化形式。面对城市飞速发展带来寸土寸金的局面，还有绿化面积不达标、空气质量不理想、城市噪声无法隔离等难题，发展立体绿化将是城市生态景观设计发展的一大趋势。

一、屋顶花园

从一般意义上讲，屋顶花园是指在各类建筑物、构筑物、桥梁（立交桥）等的顶部、阳台、天台、露台上进行园林绿化、种植草木花卉作物所形成的景观。它是以建筑物顶部为依托，根据屋顶的结构特点以及屋顶上的生境条件，选择生态习性与之相适应的植物材料进行蓄水种植，通过一定的艺术手法，覆土并营造园林景观的一种空间绿化屋顶形式。

随着城市建设的发展和人们生活水平的提高，人们越来越重视高质量的生活空间，对城市环境与面貌的要求也在不断提高，渴望有一个健康的生存环境。绿化与阳光、空气并列为城市居住区内不可缺少的三大要素之一。城市发展必须保证有一定比例的绿地面积才能发挥改善城市环境的作用。由于在建筑之外的水平方向上扩展绿化空间越来越困难，因此必须把更多的绿化空间引入建筑空间，向"第五立面"索取绿色，以立体绿化来增加城市绿地面积的不足，为都市人在紧张工作之余提供休息和消除疲劳的舒适场所。因此城市中对建筑进行垂直绿化和屋顶绿化来增加城市绿化面积，已经成为许多优秀建筑师眼中优质工程必不可少的一项设计内容，更是园林工作者改善生态和人居环境质量的法宝，这是当今建筑和园林发展的必然结果。

（一）屋顶花园的构成

一座完整的屋顶花园一般由基质、假山和置石、植物、水体、园路、建筑小品等要素构成。

1. 基质要素

屋顶绿化由于其特殊性，与其他绿化的基质有很大的差别，要求肥效充足而又轻质。土层厚度一般要控制在最低限度以充分减轻荷载，草坪与灌木之间以斜坡来过渡。

2. 假山和置石要素

屋顶花园上比较适合设置以观赏为主，体量较小而分散的精美置石。独立式置石一般占地面积较小，且为集中荷重，位置与屋顶结构的梁柱结合，布置手法与屋顶花园的结构特点结合，采用特置、散置、群置、对置的方式，运用山石小品作为点缀园林空间和陪衬建筑、道路、植物的手段。

3. 植物要素

屋顶花园的植物宜选用植株矮、根系浅的植物。高大乔木由于树冠较大，根系较深，在风力较大、土壤较浅的屋顶上极易被风吹倒，而且，乔木发达的根系容易深扎防水层造成渗漏现象，因此不宜在屋顶上栽植高大乔木。

4. 水体要素

各类水体工程是屋顶花园的重要组成部分，形态各异的喷泉、跌水、水生种植池以及观赏鱼池等都为屋顶花园有限的空间增添了无限的乐趣。

5. 园路要素

道路和场地铺装是屋顶花园除了植物和水体外具有较大工程量的工程。园路铺装是做在屋顶楼板、隔热保温层和防水层之上的面层，在不破坏原屋顶防水、排水体系的前提下，可以结合屋顶花园的结构特点和特殊要求进行铺装面层的设计和施工。

6. 建筑小品要素

屋顶花园的建筑小品一般包括园内亭台走廊以及小型雕塑。这些建筑小品主要供人们休息、点景、遮阳，能产生美化和丰富屋顶花园的景观效果。

（二）美学角度下的屋顶花园类型

从美学角度出发，我们可以将点、线、面的设计方法运用到屋顶花园的设计中，使其具有更高的美学价值。

①点。形状、质地、颜色等方面的植物是被选中的比较突出的进行独立或群组设定。突出其重点，形成独特的点状绿化，将有较高的观赏价值。

②线。从空间组织和构图原则出发，设置重复排列的植物或盆景，强调线条的方向性，以此来划分空间。

③面。点和线的排列组合就构成了面。立体绿化中，面的运用主要是为了衬托前面景物，多用于垂直绿化墙面。

我们将点、线、面进行不同的景观植物组合，所形成的绿化形式主要分为自然式、规则式和混合式。

1. 自然式屋顶

自然式屋顶实际上是指符合自然地形，有自然的空间布局，并不需要结构化的屋顶花园设计风格。自然式的屋顶花园布局和中国古典园林的布局很相近。植物配置、空间组织，小路的蜿蜒都是贴近自然的，与周围环境协调统一。植物配置要求有高有矮，稀疏密集和四季之景，体现出丰富的色彩变化和层次感。

2. 规则式屋顶

规则式屋顶设计要求在植物、步道的布置上规则严谨，多呈对称形。这种布局形式在国外运用得比较多。进行植物景观设计时，多选用色彩不同的植物进行搭配，形成有规则的图形图案，以此来强调景观环境的秩序美，使不大的屋顶空间显得开阔，增大人们的视野。

3. 混合式屋顶

混合式的屋顶花园，就是综合自然式和规则式屋顶花园的特点，进行组合，布局在多样和个性化中求得协调统一，兼有自然美和秩序美，以适应不同的审美要求。这主要是依据地形选择合适的布局形式加以融合。因其灵活性和建筑屋顶的复杂性，混合式屋顶在实践生活中运用得比较多。屋顶花园，以性质反映其功能。因此，不同性质、不同功能的屋顶花园设计内容应有所不同。内容的选择要根据人群结构的要求，因为用户的品位和对特殊功能的要求也是有所不同的。它被配置在场景中时，植物的选择要与周围的景观和建筑和谐，而且显现其独特的园林设计风格。

（三）屋顶花园的基本设计原则

1. 安全性

屋顶绿化最重要的就是安全，这里的安全是指房屋荷载、屋顶防水结构、屋顶周围防护栏、乔灌木在高空较强烈的风中和土质疏松环境下的安全稳定性。屋顶园林的载体是建筑物顶部，在设计阶段就必须考虑建筑物本身和人员的安全，包括结构承重和屋顶防水构造的安全使用，以及屋顶四周防护栏杆的设置、人流的监控等，以保证使用者的人身安全。

2. 功能性

屋顶花园的功能应该是灵活、多样、人性化的。除了屋顶绿化对于生态环境所起的作用外，屋顶花园还具有供游人使用、观赏、娱乐以及生产等功能，使人在观赏中，压力得到释放，使参与中使人获得满足感和充实感。经济实用的果树园、草药园或菜圃、芳香保健的草木花卉让懂得精致生活的人自己动手进行园艺操作，使屋顶上充满田园风光。总之，在屋顶花园设计时要关注人和他们的生活，而不仅是形式和构图，以人和人的活动为导向合理安排和组织功能布局，满足人的心理需求和生理需求，使功能设计更加人性化。

3. 生态性

屋顶花园的生态设计体现的是一种整体意识，小心谨慎地对待生物、环境，反对孤立的、盲目的设计行为。要坚持自然观，采取依附自然、再现自然、因借自然等手法；要根据区域的自然环境特点，以植物造景为主，在植物配置方面优先选择乡土树种；注意培植有地方特色的植物群落，形成植物的季相变化和竖向变化，营建适合屋顶环境的景观类型。

4. 地域性

"地域性"指一个地区自然景观和历史文脉的总和，包括它的气候条件、地形地貌、水文地质、动植物资源，历史、文化资源，以及人们的各种活动、行为方式，等等。城市屋顶造园，也同露地造园一样，反映一个城市的地域文化内涵，浓缩了地域文化中的精神内容。每个屋顶花园景观都不是孤立存在的，都是与其周围区域的发展演变相联系的。屋顶花园景观设计应针对大到一个区域、小到场地周围的景观类型和人文条件，营建具有当地特色的屋顶景观类型和满足当地人活动需求的空间场所。

5. 时效性

屋顶花园的景观是随季节和时间变化的，是有生命的，是处在不断地生长、运动、变化之中的。因此，在设计时应该对方案进行选择，不仅要选择现在条件下最好的设计，还要考虑景观未来的可变化程度，认真研究时效性因素，注重景观随时间变化的效果，将屋顶花园作为运动变化中的作品，以设计随时间延续可以更新的、稳定的屋顶庭园景观。

6. 协调性

屋顶花园不同于一般的花园，这主要由其本身的场地特点和周围的环境决定。屋顶花园居高临下，人的视野所及范围内的场地特点都应该作为屋顶花园设计的重要参考因素。设计师应该花更多的精力观察、发现、认识场地原有的特性，使场地和周边大环境融合，形成整体的设计理念，让人感觉熟悉、舒适、心旷神怡。在进行屋顶花园设计时，应该尊重场地、因地制宜，分析场地的各种有利因素和限制条件，对场地景观资源充分发掘、利用，发现它积极的方面并加以引导。尤其是当周围有漂亮的建筑物或者优美的景观时，应该在最合适的位置设置休息区或观赏点，把远景借入园中。如果周围某一方向的景观不佳，则可以设计植物或者围墙进行遮挡，等等，利用屋顶花园协调建筑与场地周围环境。

二、墙体绿化

墙体绿化是指植物种植在墙壁之上的绿化方式，通常墙体不是垂直于地面的，而是水平角度为 75° 到 120° 之间的墙。墙上植物在必要的保护下生存，可维持 5~30 年，甚至更长的时间。

城市的土地是有限的，随着低碳时代的来临，这在绿化环境上是一个蓬勃发展的高新技术，同时也是性价比较高的城市绿化技术。我们应充分利用城市空间，以及生活中的外墙、围栏、桥梁、绿化阳台、窗台等，以提高城市的生态环境。

（一）墙体绿化的优势

近年来，由于经济与人口的快速增长，城市建设用地不断加大，城市建设用地与绿化用地的矛盾日益突出。人们对绿化的需求越来越强烈，不得不开始关注城市绿化空间的发展，随之而来的是城市屋顶绿化的热潮，同时人们也渐渐地把目光投向了蕴藏着巨大绿化空间的城市建筑物垂直面上。

作为立体绿化的一部分，墙体垂直绿化是城市立体绿化中占地面积最小，而绿化面积最大的一种形式，是其他绿化形式所无法相比的。城市立体绿化可以弥补地面绿化的不足，在提高城市绿化覆盖率、丰富植物景观、改善生态环境方面都起着重要作用。作为城市绿化系统的一种，立体绿化正以其生态性、经济性、实效性、美观性等优势在钢筋与混凝土结构构架的人群生存空间内逐渐扩展，创造着第二自然，它在整个城市中所起的积极作用是任何其他基础设施无法取代的。它的绿化潜力巨大。它不仅是一种建筑外表面的装饰艺术，而且在绿化城市、营造健康和自然的生活环境上将起到越来越重要的作用,被人们广泛接受,受到国内外的推崇。墙体垂直绿化具有诸多作用,对城市绿化意义重大。

墙体垂直绿化另外的突出特点,就是可见性强,为目前高楼林立的硬性城市增添绿意,改善城市居民视觉疲劳,保护青少年视力。墙体垂直绿化已经成为城市绿化可持续发展的宝贵资源。

总而言之,墙体垂直绿化是节约土地、开拓城市空间、包装建筑物和城市的有效方法。

(二)墙体绿化的植物配置

1. 攀缘式植物

攀缘式墙体绿化指在高建筑物的墙面,将藤本植物植于墙基,通过支架牵引等方法让植物生长后,覆盖在大部分建筑物上。

当前,攀缘式墙体绿化使用较为普遍,因为种植攀缘类植物能将建筑的墙面充分利用起来,生长快速且能达到较好的绿化效果。种植攀缘式植物,首先要考虑攀缘式植物对环境的要求,种类不同的攀缘式植物都有其特定的环境适应性;其次要根据立体绿化建筑的功能性和观赏效果进行混搭、配植等。一般需要考虑以下几点因素。

一是采光。一般来说,当墙面或构筑物处于光照充足的地带时,主要选用的植物是喜阳的攀缘式植物;而当墙面或构筑物被遮挡多或是光照不充足时,就应该选用适宜的耐阴或半耐阴攀缘式植物。

二是墙体结构。结构不同或高度不同的墙壁对不同藤本植物的选择是不一样的。为达到最佳的绿化效果,应根据建筑墙面或构筑物的高度来选择攀缘式植物。种植爬藤植物时,尽可能在墙根种植,因为地面的基础坚实,容易打理,植物更容易生存和发展。

三是周围环境。因地制宜是墙体绿化一个重要的设计原则,对于立体绿化所种植的攀缘式植物,应充分考虑其周围的生态环境,将草本和木本合理地混合种植,搭配花期长的品种和常绿品种,以使建筑之间的色调和谐,达到内容丰富、形式多彩多样、协调的景观绿化效果。

2. 上爬下垂式植物

上爬下垂式植物绿化方式,是将枝叶下垂类植物如迎春、金丝桃等种植在墙面的墙顶,同时在墙基种植攀爬类植物,如爬山虎、月季等。

3. 内载外露式植物

关于内载外露式植物,一种是将爬藤植物或花卉灌木等种植于封闭式的墙体内,通过牵引等方法把植物展露于墙外;另一种是用于透视式建筑围墙的。为保证透视效果,株距应该较大。一般选用金银花配植花灌木等,应保持株距为一丈(1 丈 =3.33 米)左右,使其视野开阔。

墙体绿化不仅具有显著的环保作用,维护着城市的生态环境,而且能够为城市带来一道道亮丽的风景线。因此,应大力倡导垂直绿化,扩大绿地面积,提高绿化覆盖率,加强城市建筑的综合利用,提高城市环境的绿化率。在当前阶段,城市立体绿化技术还不成熟,适合墙面绿化的优良品种较少,在配置上也存在失衡问题。我们应该从每个城市的客观现实条件出发,不断推动墙面绿化的发展,提高城市的经济效益及社会环境效益。

参考文献

[1] 李勇.美学原理 [M].北京：中央编译出版社，2015.

[2] 张棨.建筑美学 [M].昆明：云南人民出版社，2011.

[3] 许祖华.建筑美学简明教程 [M].武汉：华中师范大学出版社，2008.

[4] 曾坚，蔡良娃.建筑美学 [M].北京：中国建筑工业出版社，2010.

[5] 寇鹏程，何林军.美学 [M].重庆：西南师范大学出版社，2013.

[6] 陈望衡.当代美学原理 [M].武汉：武汉大学出版社，2007.

[7] 刘月.中西建筑美学比较论纲 [M].上海：复旦大学出版社，2008.

[8] 余东升.中西建筑美学比较研究 [M].武汉：华中理工大学出版社，1992.

[9] 王小回.中国传统建筑文化审美欣赏 [M].北京：社会科学文献出版社，2009.

[10] 唐涛，吴晓.建筑艺术辞典 [M].呼和浩特：远方出版社，2007.

[11] 陈望衡.我们的家园：环境美学谈 [M].南京：江苏人民出版社，2014.

[12] 汪正章.建筑美学——跨时空的再对话 [M].2 版.南京：东南大学出版社，2014.

[13] 梁梅.中国当代城市环境设计的美学分析与批判 [M].北京：中国建筑工业出版社，2008.

[14] 于贤德.城市美学 [M].北京：知识出版社，1998.

[15] 徐峰.建筑环境立体绿化技术 [M].北京：化学工业出版社，2014.

[16] 盛洪飞.桥梁建筑美学 [M].北京：人民交通出版社，1999.

[17] 金伟.建筑形式的类型化思考 [J].消费导刊，2015（7）.

[18] 王卫东.环境美学的学科定位 [J].民族艺术研究，2004（4）.

[19] 陈望衡.试论环境美的性质 [J].郑州大学学报，2006（4）.

[20] 朱云霞 . 论建筑符号学在建筑设计中的意义及应用 [J]. 建筑工程技术与设计，2015（6）.

[21] 张泉泉 . 住宅景观设计存在的误区及策略 [J]. 环球市场，2016（14）.

[22] 蒋宇 . 中国城市化进程中城市景观美学问题研究 [D]. 重庆：西南大学，2012.